总策划	贾大明
策　划	韩永杰　陶超杰　张浩飞
顾　问	董　毅　张军凯
执　笔	吴秋兰　杨帆思晋　王楚绒　向建光

心理咨询案例与策略丛书

告别学生的烦恼

/王齐 著/

云南出版集团
云南人民出版社

随着社会的进步与时代的发展，心理学和心理咨询越来越受到人们的重视。近20年以来，我国的国民心理健康需求大幅增长，不断催生我国心理咨询与治疗的高速发展，专业人员规模快速扩大，初步呈现职业化趋势，一些专业标准与服务模式逐步形成。但是，在工作队伍的快速扩大中，出现了人员良莠不齐、专业工作水平参差不一的乱象。究其原因，与专业人员对心理咨询与治疗工作的专业性认识不足有关。虽然各种学派或流派的心理学专业书籍数不胜数，但我们在市场上能够看到的主要是两大类，一类是理论性极强的心理学、心理咨询方面的书籍，另一类则是心灵鸡汤式的说教。前者太过于理论，专业人员读了不知如何操作，而非专业的读者难以研读；后者又太过通俗，不够严谨，只有空泛的激励，让读者有些失望。

如今，特别是在对学生的心理健康教育及其成长发展的研究上，国家给予了极大的关注与重视。教育部也为深入贯彻落实《"健康中国2030"规划纲要》，开展了"师生健康中国健康"主题健康教育活动，旨在构建新时代、现代化、高质量学校健康教育体系，把健康教育融入学校教育教学各环节，故心理健康教育必成为其中关注的重点之一。

然而，目前在有关学生学业以及学生发展心理方面，兼顾专业性、实用性、可读性的书籍却不多见。王齐同志著的这本《心理咨询案例与策略丛书——告别学生的烦恼》，正是充满专业、实用和可读的著作，阅读此书，仿佛夏季清风拂面，给人带来一丝清馨凉爽之快意。

本书中涉及成长中的青少年心理的诸多问题，包括青春期心理躁动、早恋、留守儿童的入学恐惧、因疫情闭校引起的厌学等，是王齐同志在长期从事心理咨询和心理咨询师督导工作积累的丰富的实践经验和大量的案例。通过对这些案例的深入剖析，为我们提出了明确的心理咨询方案和解决措施。本书中叙述的每一个案例，生动地记录下我们身边曾经发生过的人和事，让读者有一种深深的带入感。同时，他总结出的咨询工作经验，具有很强的专业性和可操作性，对专业工作者有很好的启发作用；也是给家长们的语重心长的礼物，必会让家长们收获良多。

《心理咨询安全与策略丛书——告别学生的烦恼》是一种极好的创新与尝试。我希望这个心理咨询案例丛书能持续下去，让更多的读者看到后续之二之三……

周满生

序二

正如本书《心理咨询安全与策略丛书——告别学生的烦恼》导言中所说，在"现实生活中，学生成长的烦恼与痛苦的问题几乎每天都会遇到，无法回避"。如何为他们提供行之有效的心理咨询服务，帮助这些学生和他们背后的家长或家庭解决烦恼，便成为一个非常现实的、颇具挑战性的问题。

本书汇编了十二个有关学生心理困惑的案例，这些案例包括小学生、中学生、大学生和研究生，涉及他们学习、成长的问题或成长的烦恼。在每一案例中，我们可以看到学生心理困惑的相关生理、社会和心理因素，特别心理相关的认知、情感和行为因素；感受和理解心理咨询的过程；透过心理咨询师与来访者之间的对话，我们可以了解到心理咨询师解决问题的思路和途径、体会到心理咨询师在面对学生的不同的问题时，如何去粗存精、去伪存真，发掘问题后面的关键，在每一具体问题情境中察知心结的成因和进行化解的方法，引导学生发现烦恼的成因，理性地面对烦恼和解决烦恼。

本书的特点在于理论与案例相结合，注重应用性，突出操作性。案例都是来自一线的实践案例，案例中涉及的专业知识、技能、理论基础等都以专栏等形式在书中呈现给读者，体现了心理咨询的过程和方法。从如何建立咨询关系、发现问题、制订有针对性的咨询方案，将不同心理咨询的理论、咨询技巧和方法整合应用到实践中。

本书是作者的知识积累、实践经验总结和智慧结晶。为心理咨询工作的开展和解决学生心理困惑提供了有用的参考。相信能为心理咨询工作者和感兴趣的家长、老师和学生们了解学生的烦恼和解决烦恼打开一扇窗。

解亚宁

　　《心理咨询案例与策略丛书——告别学生的烦恼》以心理咨询案例结合心理学理论的新颖方式，呈现了学生学业方面涉及的学习、人际关系、家庭关系、亲子沟通、学校教育、自我管理等成长发展过程中的问题和困惑，以及心理咨询的过程和应对方案，并给出了精辟的心理分析和专业的建议。本书中的案例对家长有很好的警示意义，值得家长们借鉴与反思。同时，对从事心理咨询专业人士也有极高的参考价值。

　　这是写给心理咨询专业人士的书籍，也是一本值得孩子的家长、老师学习的读本。书中描述的十二个案例让我们看到了家庭的教育方式不妥或偏差导致了孩子与家长间的矛盾，有孩子的固执和叛逆以及家长的无奈与沮丧。本书个别案例所呈现的孩子与父母的冲突相当尖锐，且发展到已经很难在家庭内自我化解的程度。每个家庭的孩子在成长过程中与父母产生冲突是难免的，现实生活中，许多家庭的冲突表现也许没有案例中的那么激烈，通常经过家庭成员的互动就可得以缓解，而这其中又有多少化解冲突的方法是欠科学或不妥当的，也是值得探究的问题。现实社会中存在一些成年人无力承担社会责任，或者适应不了职场挑战而选择了逃避。这种表现也许就是因为这些人在他们成长过程中的家庭教育出现了某种偏差而导致的后果。从这个意义上说，本书案例中的家庭又是幸运的，在孩子的成长阶段因为得到了专业而有针对性的指导，及时调整了家庭教育中存在的偏差，使孩子能走上相对正常的成长轨道。读者在案例中可以看到家庭教育失误导致孩子与父母之间冲突的多种因素，以及家庭矛盾由小变大演进为冲突的内在逻辑与过程。他们的经历能对我们自己教育孩子起到警示和参考作用，使得我们可以避免重蹈覆辙。

  "家庭是人生的第一个课堂，父母是孩子的第一任老师。"当我们的身份从"父母的孩子"转变为"孩子的父母"时，自然会有意无意地将自己原生家庭的一些教育理念和教育模式带入到新组成的家庭中。虽然新家庭内部的各种条件和外部社会环境与原生家庭可能已经发生了较大的变化，但人们潜意识中对孩子的期望，以及对孩子教育的方法不可避免地带着原生家庭的痕迹。除此之外，中国传统文化中对下一代教育之被公认的教育理念则早已被植入到了我们的血脉中。当我们经营自己的家庭时，作为父母采用自以为是或者是社会广泛认同的理念和方法教育孩子时，可能不经意间忽略掉了某些因素。也许就是其中的某个我们不以为然的因素成为产生冲突的种子。本书的案例为我们展示了许多被我们忽视的却会因此所导致不良后果的原因，例如，对孩子的过度关注、家庭角色错位、人际边界缺失等。在我们经营自己的小家时，如果能够重视这些因素则可减少家庭矛盾发生的概率，或是缓解冲突的激烈程度。

  现在学生的父母大多出生于20世纪80年代以后。这一代人成长在社会知识和技术快速迭代的年代。与前辈比较，这一代人受到的教育更多，接受新知识的渠道也更多，对待新事物的态度更加开放，所面临的社会压力也更大，必须做到不断学习才可能适应社会的变化。我们现在无法预测出十年二十年以后的人们是什么样的生活形态，但可以预期，当现在的孩子步入社会独立生活时候，他们所面临的挑战会更多，所承受的压力将会更大，这就是很多父母为孩子的未来而焦虑的原因之一。

  希望读到本书的各位家长、老师、心理咨询师、心理学爱好者能够从书中领悟到一些家庭教育方面的智慧，在有关学生学业以及家庭关系、亲子沟通方面，在培养教育孩子以及孩子成长过程中少一些盲目性，多一些科学性，使自己和孩子能够以良好心态和健全人格迎接人生的挑战。

王　鲁

目录

导　言	1
第一章　和孩子一起成长——给家长和成年人的礼物	5
附录：罗素谈家庭问题	19
第二章　点亮自己，温暖他人	
——快速提升你的咨询水平，写给心理咨询师们	21
一、咨询原则	22
二、关于学生的成绩	25
三、关于心理咨询的风格和流派	30
四、充分地认识自我	32
五、家庭关系与亲子沟通	35
第三章　青春的困惑——家庭角色错位	37
案例一　青春的冲动	
——初三男生谈姐弟恋欲休学	40
案例二　情感成长迟滞	
——一个女硕士放弃读研	54
第四章　不同步的身心灵——性教育缺失	64
案例三　长大的痛苦	
——初中男生青春期冲动导致学习成绩下降	66
案例四　长不大的乖乖女	
——外语学院大一女生入学半年要求退学	72

第五章	期盼的眼睛——忽视创伤	86
	案例五 特别的小学生	
	——留守儿童小学生怕进校门	87
	案例六 暗恋的苦恼	
	——高中男生谈恋爱学习成绩下降	96
	案例七 假小子	
	——初中女生不听话被父母打骂	105
第六章	自私的爱——非爱行为与过度关注	113
	案例八 不领情的孩子	
	——初二男生偷父母钱去网吧上网不回家	115
	案例九 不知该怪谁	
	——女大学生吃菌中毒	127
第七章	爱的港湾——婚姻问题	137
	案例十 孩子的心思	
	——五年级男生疫情得到控制后不愿去学校	138
	案例十一 暴脾气的妈妈	
	——初中男生学习成绩下降被母亲逼迫来咨询	148
	案例十二 良师益友	
	——一名高考成绩被屏蔽的女生的成长经历	158
第八章	尾声	165
后记		169

导 言

当今社会的高速发展，正以前所未有的方式，日益加重人们对经济的担忧、工作压力繁重的苦恼、知识爆炸性增长引发的困惑与不安、升学高度竞争的紧张、就业的不确定性的忧虑等。人们的精神压力也随之大幅度增加，极易导致心理健康的恶化甚至产生不同程度的心理疾病。心理健康问题或心理疾病，已经成为全球性的普遍现象。不分种族肤色、不论年龄老幼，许许多多的人们正在经受着心理健康问题带来的苦楚。在这样的环境下，心理咨询与治疗显得尤其重要。

随着社会的发展，心理学和心理咨询逐渐进入人们的生活、工作、社会交往的方方面面，心理咨询正逐渐被社会大众所接受。近现代心理学的发展对社会的影响越来越大。叔本华、卢梭、罗素、弗洛伊德、荣格、阿德勒、马斯洛、威尔伯等哲学心理学大家的思想和研究把心理学和心理治疗推向了前所未有的高度，并在应用层面得到长足的发展。从弗洛伊德的"精神分析"到马斯洛的"人本哲学"，再到威尔伯的"整合心理学"，让我们懂得了人是终生学习、终生发展的智慧生命。

美国心理学家威尔伯在其《整合心理学——人类意识进化全景图》一书中提到存有巨巢的概念：现实是由各种不同的存在层次——存在和认知层次——所构成的，涵盖了物质、身体、心智、灵魂和灵性等维度，而每个更高的维度，都超越并包含和接纳了较低的维度。它反映了直接经验所揭示的全部存在于认知范畴，涵盖了潜意识、自我意识和超意识。我们人类的本性中已经具备了达到更高层次的潜能，且需要得到满足。人的自我实现和自我超越的需求和本性，在出生时就需要得到发展和满足。需求和本性得到自然发展及满足，是人们拥有健康心理的保障。

西方发达国家的心理咨询与治疗起源较早，并不断发展，已形成严谨完善的学科。以美国为例，19世纪工业革命给人们生活带来的深刻影响，导致了心理咨询的出现，而两次世界大战给人类带来极大的心理创伤，其恢复与治疗，极大地推动了心理咨询的发展。时至今日，心理治疗与咨询遍布全国，已成为人们生活中必不可少的服务。据2021年的统计报告，美国每10万人中，便有284名执证的心理咨询师（Counselling Psychologists）或心理健康咨询师（Mental Health Professional Counselors），且从业人数还在不断增加。据2006年的统计数据，执证心理服务从业人员在医院、大学、中学、私人诊所及其他心理咨询和心理治疗相关机构从事心理咨询与治疗的人数大约是28万人，执证心理服务人员与人口总数的比例是1∶1000，高校的执证心理服务人员与高校学生数量的比例是1∶476。

我国的心理咨询服务起步虽然较晚，但却在高速发展之中。截至2021年，全国共有心理咨询师执证者近130万人。但是，执证者中，真正受薪从业、具备执业水平的人数究竟有多少？行业内不同机构给出的数据却不尽相同，数据区间大致在5万~10万之间。我国心理服务从业人员，包括在医院、大学、中学、私人诊所或其他心理咨询、心理治疗相关机构从事心理咨询与治疗的人员，总数约12万（执证心理服务从业人员与人口的比例是0.09∶1000，高校中的执证心理服务人员与学生人数的比例是1∶2363），执证注册的精神科医生数量为5万人左右（2022年统计数据）。

由此可见，我国心理服务的现状一方面是供需失衡，服务持续不足；另一方面，虽然心理咨询服务的社会接受度在逐渐提高，但依然存在着不解、误解乃至抵触的普遍现象。向社会普及心理咨询的本质与意义，为社会提供行之有效的心理咨询与治疗服务，帮助人们建立健康的心理，提高生活的幸福度，是我们心理服务从业人员的重任。

在多年的心理咨询服务与实践中，本人积累了大量不同的案例，接触到各式各样的问题，包括人们在生活、工作、学习、人际关系等方面的烦恼以及困惑。我们把实践中一些典型案例分类整理成册分享给大家，希望能对大家有所裨益和启发。

根据从事教育工作和出版工作的专家学者的建议，本案例集分类成册。本书为第一册，以学生学业篇为主题，共汇编了十二个有关学生学业的案例，涉及小学、中学、大学以及研究生阶段的学生生活、学习、成长的问题或成长的烦恼。

现实生活中，孩子成长的烦恼与痛苦的问题，在家庭教育、学校教学等场景中，几乎每天都会遇到，无法回避，且又带给教育者痛苦与烦恼。造成学生学业问题的原因有多种多样，有的是孩子自身的原因，有的可能是家长的原因、学校的原因或环境的原因等。每一个原因下面又可以列出很多引起这个原因的许多原因，我们不可能一一列举，但通过多年的咨询经历以及不同案例的策略和方案，针对成长中的孩子的学业问题，我们总结出一些有效的、积极的共性特征，并提出行之有效的建议。有些特征与建议不仅是针对孩子的，也有给父母、老师或教育工作者的。另外，我在多年从事心理健康教育与咨询培训中，积累和总结了许多有效的经验与技巧，在此与心理咨询师和从事心理工作的从业者或爱好者们分享，并提供自己学术的专业的建议。

书中案例不是某一个案例的再现，而是根据欲呈现的主题、技术、技能、理论以及问题的应对方案、解决路径、思路策略等，集合多个案例并加上一些科学性的构思设计整合而成。案例不涉及来访者的具体情况和人口学资料，遵循了保密原则，保护了隐私。在案例中，每一位读者都有可能从不同的层面看到某些自己或身边人的影子，如有雷同，请您不要大惊小怪。我们有共同的文化背景，生活在同一个地球村，每个人除了不同的个性之外，一定有某些共性。我们呈现的案例，除了个性之外，同样也一定会涉及某些人生的共性，很多问题或情景只是人或环境的共性罢了。

本书以咨询案例的方式，就像外科医生的手术案例一样，真实地再现咨询的情景和专业过程，以期向大家呈现心理咨询的科学性与严谨性，同时也让大家能够感受到咨询过程中的心理变化。希望不同的读者，能够从不同的视角，通过不同的细节，了解到各自感兴趣的内容。本案例集中，除了案例本身的描述，还涉及心理学、心理咨询等各种理论、技术技能、学派流派以及一些专业方面的术语、名称名词的应用。我们以注释、说明、咨询师小结、总结、问答、咨客反馈等多种形式在书中呈现。这对那些被问题孩子所累的家长和如饥似渴学习提高咨询技巧和能力的咨询师们，会有立竿见影的帮助作用。

通过本案例集，无论你是孩子、家长、老师、心理咨询师，或是心理工作者和心理学爱好者，都可以根据各自的需求，从不同的视角了解、学习到解决家庭教育、孩子成长、学生学业等问题的操作方法；学习提高如何有针对性地帮助到你自己、帮助到你的孩子、帮助到你的学生、帮助到你身边的人、帮助到你的咨客。点亮他人心中的灯，照亮生命的旅途，带来人生的欢乐。以此自勉！

第一章　和孩子一起成长
——给家长和成年人的礼物

哪一对父母在初为人父人母之时不希望自己的子女成龙成凤？当孩子步入学校时，父母希望子女学有所成、能够成器；孩子渐渐长大进入青春期时，父母希望自己的子女不要惹是生非，做一个普通的正常人足矣。家长们应该有切身的体会，对自己子女的要求和期望值，会随着孩子的成长而不断降低，这在现实中和咨询中都非常普遍。为什么会出现这样的状况？这是怎么造成的呢？本书的案例，将向您呈现各式各样的家长在教育培养自己的孩子时，如何因认知不足，教育方法错误，忽略孩子的发展和需要，从而造成孩子在成长过程中出现各种问题，也因此导致家长失落、担忧与焦虑。

一、创造性发展

随着社会物质生活的不断改善以及日益激烈的竞争对未来发展的影响，家长和学校过于重视孩子的生理健康和学习成绩，而忽略小孩成长中创造性的发展，这样的做法让孩子没有自我实现的机会，缺乏创造力。

创造性对一个人的成长过程极其重要，当学校和家长都把学生的学习成绩视为唯一重要的方面时，他们就会只注重身体健康和学习成绩，为了达到这个目标而希望孩子沿着成人们、家长们、老师们要求的或规范的方面去做，而让这些孩子丧失了他们的自我需要当中的创造性发展，缺乏了创造性的发展，就会带来人格的不完整，一旦遇到问题，就产生退缩、自我封闭，没有勇气去面对问题和困难，因此，在孩子的成长教育当中，培养创造性是极其重要的。

> 马斯洛从一开始就将创造性问题跟人性的健康、人格的充分成熟密切联系在一起。这样，他的创造性理论同时也就成了一种健康人性的作用的描述，一种人本的人性解放的呼唤，一种对教育乃至社会变革的关怀。他成功了。至少说，他有些成功了，因为，在西方教育变革中，特别是创造性研究中，对人性的尊重，对人格的健康发展在创造性发展中的作用的强调，已成了一种不可逆转的趋势。【摘自《马斯洛人本哲学》】

这是我们现实生活工作当中所能见到的最常见的问题之一。在现实的咨询案例中我们发现这也不能怪这些家长或成人忽视了这个问题，因为在他们的成长过程当中，本身就缺少了自我意识发展和创造性发展的教育理念和认知，他们延续了他们的老一辈对他们的教育，但是社会在不断地发展进步和变化，新生代的孩子们由于信息社会的飞速发展，他们所能够掌握的信息和知识已经比他们的父辈多得太多，如果还用传统的教育理念和方式，自然造成他们的缺失并与父辈的教育方式发生冲突。无论是这里说到的缺失或冲突，都会给孩子的成长带来困惑与烦恼。

马斯洛认为，创造性是从人的整体系统中发出并一般都能得到改善的。因此，创造性的问题首先是创造性的人的问题。不能脱离创造性的人孤立地谈论创造性的本质。从这一前提出发，马斯洛指出自我实现的创造性更多是由人格造成的，是自我实现人格的副产品。随着自我实现者的人格品质，如大胆、勇敢、自由、自发性、明晰、整合、自我认可等的成熟或表现，自我实现的创造性会像产生副产品一样产生出来，并会投射、散发到整个生活的而不仅仅是某种产品或成就上。它像自我实现一样,也是每个人作为人类的一员与生俱来的一种潜能。在某种程度上甚至可以说,它和自我实现、心理健康是同义语。也就是说,它是自我实现的绝对必要的方面,或是自我实现的规定性特征。

由此人们应该意识到创造性的问题首先是有创造性的人的问题。个人朝着心理健康或人性充分发展的方向每前进一步,都会附带地使他在生活的各方面更有创造性。因此,创造性发挥的关键,乃是自我实现的增进,或是健康人格的形成。这就要求我们正确对待人性的底蕴,合理地发挥理性、意识的作用,有效地使用整合的能力。

创造力的决定因素多不胜数,任何对人的心理健康有益,或让人性更丰满的事物都将改变整个人,从而使人的创造性作为副产品产生和发射出来。要达到创造性问题认识上的转变,应该确立一种崭新的教育观点来替代目前盛行的那种急功近利、自私自利、原子论式的教育理论与做法。

社会原子理论:"社会倾向于由一群自私自足的个体组成,他们作为独立的原子运作。因此,所有社会价值观、制度、发展和程序都完全源于居住在任何特定社会中的独自个人的利益和行为。"另一种表述:"社会由许许多多的具有自我欲望与需求且对自我感到安全与满足的独立个体组成!"

现实情况是,家长、老师、各种成年人们,在培养教育孩子的过程中,想当然地要求或希望孩子按"大人们"的意志行事,做一个"听话的乖孩子"。特别是有些父母以爱的名义要求孩子,而不顾孩子的成长规律。他们希望自己的孩子"少走弯路",试图把自己成年人式的思维模式、认知方式、对社会对自然的理解以及自我的所谓经验教训直接地嫁接给孩子。更有甚者,有些家长和父母,把自己成长中的缺失、挫败、对生活的各种负面情绪、对生命和生活的各种成年人式的理解以及成年人式的焦虑、恐惧、担心、迷茫甚至痛苦、情结等有意无意地灌输给了孩子,完全忽略了孩子的发展、心理需求和人的创造性培养，让孩子从小就在成年人的各种负面情感情绪中成长。

在我的咨询中，有太多的父母这样表达，"王老师，我的孩子小学的时候是一个既听话又成绩好的孩子啊！没想到，到初中以后成绩突然下滑，沉迷于网络，甚至逃学旷课，而我最忍受不了的就是谎话连篇。我们给他那么好的条件，他就是不领情，不好好读书，我们现在担心死了。"家长们、成年人们要知道，孩子的成长是需要在克服不同阶段的挫败中摸索探索逐渐实现的，就像小孩要经历从爬，到站立，到行走，再到跑跳的阶段，这些经历是别人代替不了的。同样，心理的成长，性格的成熟也是在不同阶段的摸索探索中逐渐实现的。许多家长对孩子的教育方式是让其背离成长必由之路，做一个听话的玩偶，结果是孩子的人格得不到适时的符合成长规律的发展。随着年龄的增长，孩子的人格不健全和不健康性就会逐渐表现出来，到了小学五六年级或初中阶段，特别是青春期前后，他们需要独立思考、独立处理某些人际关系时，需要独立应对生活学习和人际关系等各种问题时，各种成长的问题和烦恼便纷至沓来，大多数情况会表现为学习成绩下降，人际关系出现障碍，社会适应能力低下等。他们无从应对，不知所措。他们习惯了按父母的说教行事，但父母又不可能代替他（或她）成长，因此，他们成长中遇到的问题和烦恼情绪的指向性就会首先指向父母或身边最亲近的人。

在生活、学习、人际交往中，当任何一方面的问题出现应对不利时，孩子都可能自暴自弃，丧失自我，表现得急躁、恐慌焦虑、缺乏自信，然后滑向自我否定、自卑、痛苦的境地。这时候，人性的本能中的"本我"就会跳出来支配"自我"，逃避成长的痛苦，转向追求快乐原则，去做那些容易的、舒服的、不用过多努力的事情，比如，沉迷网络，不听课，不做作业，喜欢独处，不跟人交往等等。成长是要付出各种努力的，问题是在他以往的经验中，没有自我，更没有自我价值，只有父母意志，所以他不懂得如何去努力面对困难和问题，这时，他最有效的应对方式就是退缩和拒绝成长。这个阶段如果有不良青少年或"问题朋友"，他很容易跟他们打成一片，并学习他们的生活学习方式以及他们的逃避面对问题、解决问题的模式。最终，这孩子也就成为人们眼中所谓的"问题孩子"。

本我：由弗洛伊德于1923年在《自我与本我》中提出的心理学名词。它与自我、超我共同组成人格。弗洛伊德认为，本我是人格中最早，也是最原始的部分，是生物性冲动和欲望的贮存库。本我是按"唯乐原则"活动的，它不顾一切地要寻求满足和快感，这种快乐特别指性、生理和情感快乐。本我由各种生物本能的能量所构成，完全处于无意识水平中。它是人出生时就有的固着于体内的一切心理积淀物，是被压抑、摒斥于一时之外的人的非理性的、无意识的生命力、内驱力、本能、冲动、欲望等心理能力。

具有成年人式的嫁接方式特点的家长们，忽略了发展心理学各个阶段的规律，使孩子的人格发展停滞在听话或被动的接受层面。孩子仿佛是"小大人"，如果他们的心智和适应能力得不到发展，虽然身体在发育，心理却严重滞后。那么，到了青春期前后，他们的心理状态会从"小大人"退型到孩童的某个没有成长的阶段或成长中没有超越的情结中，如恋父恋母情结，男孩的阉割情结，女孩的自卑情结等等。这样的孩子，根本谈不上创造性的发展。

在可能的条件下，应留给孩子一定的时间和空间，让他们有时间、有机会干自己想干的事，从事一些具有独创性的活动，为创造性行为的产生提供机会。

二、存在性认知与匮乏性认知

我们经常能够看到这种现象，家长和成年人们把自己成长中对世界、社会、自然、男人、女人、人性的理解、感受和认知固化成自己的某种内心状态，在他们养育孩子的时候，他们会用这种固化的认知模式和内心状态有意无意地去影响孩子的教育和发展，这种僵化的自我体验式的认知，缺乏灵性和顿悟，缺乏与时代发展的同步性和超前性，将这种固化、僵化的模式强加给孩子，很可能影响孩子的健康发展，希望家长和成人们除了固有的成长经验、经历和认知模式，对孩子的教育与培养，要与时代同步，有自己的顿悟和存在性认知。

存在性认知：存在性认知需要对事物的本质完整地把握，也就是要整体性注意，存在性认知是超文化认知，它不受文化和历史框架的制约，存在性认知是一种总体性认知。存在性认知是真正自由的、来自本体内总的创造性认知活动，它是主体从内心不得不涌现出来的真正的创造，存在性认知是主体对认知对象的全身心投入，达到对认知对象做出真正认知的目的，存在性认知是最终发现了存在的价值的认知，在存在性认知中，体验是一种被看作超越利益和目的的高尚的情感。

马斯洛在他的认知哲学中详细阐述了存在性认知与匮乏性认知，并总结道，"从根本上说，匮乏性认知可以定义为是从基本需要或匮乏需要，以及他们的满足和受挫观点组织起来的那种认知。就是说，匮乏性认知可以叫作利己认知。而存在性认知是按照对象自身的真象和他自身的存在，基本上没有涉及对象对于观察者的价值，或它在他身上的作用，这样的认知，可以叫作存在性认知（或超越自我的，或非利己的，或客观的认知）。由于匮乏性认知未能超越功利价值取向的褊狭，因此，它是一种不成熟的认知。这种认知，会掩盖或忽视世界的很多特点。而在存在性认知中，由于摆脱了褊狭的功利取向的束缚，事物的本来面目，宇宙的终极价值便能得到如实的、客观的认知。因此，存在性认知是一种成熟的认知。"

现实生活中，我们的家长、学校的老师、社会的导向在孩子的教育方面带有太多的错误认知，带有太多褊狭的功利取向，我们的心理咨询或心理服务同样也带有太多的匮乏性认知和未能超越功利取向的褊狭，急功近利，投机取巧。在孩子的成长中，只注重成绩分数，而忽略了人格的发展，忽略了对孩子的创造性的培养，使得孩子在成长过程中添加了许多成年人认知偏差带给他们的成长问题和成长烦恼。

有人可能会说,我们又不是心理学家、心理老师或教育专家,怎么知道该怎样做才符合发展的需要呢?

马斯洛主张从更广泛的意义上去理解创造性的概念,"创造性"这个词不仅可以运用在形形色色的产品上,而且可以以性格学的方式运用到人、活动过程和态度上。他把"创造性"区分为"特殊天才的创造性"和"自我实现的创造性",前者较为强调创造成就的意义,主要依赖于个人的某些特殊的遗传成分,并非人人都能得到的。它和自我实现、心理健康是各自独立的变量,相互间可能只有微弱的关联,也可能根本就没有关联,从一些伟大的天才,如华格纳、凡·高、拜伦等,他们的心理并不健康,我们就能理解这种关系。那么,什么是自我实现的创造性呢?马斯洛在他的《人本哲学》一书中举例说,"而自我实现的人们虽不是多产的,但却是健康的、有创造性的。例如一位没有受过教育的、贫穷的、完完全全的家庭主妇和母亲,按陈腐的观点看她所做的一切都是极平凡的工作,也许没有一件可以称得上是有创造性的。但她却是奇妙的厨师、母亲、妻子和主妇,她所做的每件事情,全都是独立的、新颖的、精巧的甚或是出乎意料的,因而这就是她的创造性。从这样的事例中看出,第一流的汤比第二流的画更有创造性。一般说来,做饭、做父母以及主持家务,可能具有创造性,而诗却不一定具有创造性,有时根本就不具有创造性。因此,不能简单地以成就的多少来衡量创造性的高度,也不应将创造性研究限定在某些传统的领域,看成是少数人拥有的专利"。

这里我们看到创造性不仅仅是艺术家、专家、思想家的专利,它也可以体现在生活的方方面面,体现在人生成长的每一个阶段。生命本身、生活本身就是创造性的。您只需秉持开放包容的心态,真实地接纳自己、接纳生活带给您的一切,您与生活的所有的互动模式和状态都有可能是创造性的。因为,创造性是人本能的一种本性。

由于教育理念的偏差和教育资源的不均等因素,很多家长把孩子的学习成绩看作最重要的甚至是唯一的追求来要求孩子,而忽略了人格的全面发展以及发展的规律,忽略了人的高级的和超越的本能,忽略了创造性的培养与开发。

通过本书中的案例您会看到，很多"问题孩子"表现出来的问题似乎都与学习有关，家长、老师、成年人们只盯着学习成绩。当孩子真正成为"问题"孩子的时候，成绩好不好已经不是那么重要了，这时他（或她）能顺利成长，他们的父母就感激涕零了；一旦他（或她）变得"正常"，学习成绩又会变成最大的问题。

三、给家长和成年人的礼物

第一，提高完善教育理念和认知。

我们需要明确，要求孩子的学习成绩好、考分高，表面上看并没有什么不对，但是从人性的发展和人格的健全来说，只追求学习成绩本身就会带来各式各样的成长中的问题，最明显的就是出现人格的偏离和社会适应不良的问题。当一个人有开放的心态、自由的灵魂、健全的人格以及良好的社会适应力时，他的学习能力和成绩就一定不会差。作为家长，您应该如何做呢？您需要知道或懂得，您对孩子的关注和必须要做的事，是符合他（或她）的年龄阶段的陪伴和适当的呵护与关爱。陪伴其成长，也就是说您和他（或她）共同成长。在这个过程中，要不断地去发现孩子的兴趣爱好，发展其优势或强项，并适当地加以鼓励引导。如果您知道这样做并且做到了，您就是非常优秀的父母，您的孩子在成长过程中就会少了很多成长的痛苦与烦恼。

第二，角色定位准确。

当孩子出生以后，他所接触的第一个社会角色是母亲，然后才是父亲和其他家庭角色。您在家庭内部扮演的各种不同的社会角色，比如，妈妈爸爸、妻子丈夫、女儿儿子等等，对孩子的成长有着重要的影响。作为孩子的妈妈爸爸，你们角色定位准确，角色表现得当，对孩子的成长影响巨大。在本书中您会看到，一般来说，所谓的"问题孩子"大多有一个问题家庭，而造成问题家庭的一个主要原因就是角色定位不准，角色的功能、特质、特征出现了错位，比如，夫妻矛盾、婆媳关系矛盾，强势母亲，小男人心态，缺乏勇气和担当的父亲等等。孩子在成长过程中，很多经验和德行是模仿习得来的，他们从成年人身上，特别是自己的父母身上，潜移默化地模仿习得很多成年人的习惯和特征特质。如果一个男孩有一个女性化特质的爸爸和一个相对强势的妈妈，他的性格特征很可能较软弱偏女性化；如果是一个女孩，她则很可能较男性化。如果父母双方都很强势，并经常争吵，那么，他们的孩子很可能会自卑、焦虑、性格急躁。因此，作为父母，你们的社会角色定位准确，且表现良好，你们的孩子自会习得你们的各种特征。请记住，父母是孩子成长的模版或样板。

第三，边界感。

根据2020年版"心理健康蓝皮书"——《中国国民心理健康发展报告》的调查显示，每1000个家庭中就有260个焦虑的家长以及60个抑郁的孩子，因为家庭教育不当和教育缺失造成的自杀、厌学、心理疾病等现象随处可见。调查同时表明，中国65%的家庭在孩子的教育问题上存在偏差，八成家长不懂儿童心理知识，不知道如何正确教养孩子。更严重的是，家长自身的心理问题和错误的教育方法，还会影响孩子的心理健康。

现实生活中，影响孩子成长的一个重要因素是家庭的边界感缺失，大部分家庭痛苦的根源之一就是没有边界感。边界感，是人在成长中，有被尊重的需要，也是个体成长必须具备的人格独立、精神自由的需要；人与人连接需要的同理心，以及培养个体的自我意识、相互尊重、隐私保护等的社会需要。

通过本书的案例您会看到，孩子成长的很多痛苦烦恼来自家庭的边界感缺失，致使孩子产生内心矛盾、焦虑、选择障碍、不懂得尊重他人、抑郁自卑等心理问题。边界感缺失最直接的表现是，孩子缺乏独立意识，优柔寡断。遇到问题和困难时没有担当，习惯性地推诿退缩。

第四，掌控欲。

前面我们谈到，作为父母需要做的是符合孩子年龄阶段的陪伴和关爱，并伴随其成长的过程。现实情况是，有一类父母或家庭没有尽到保护和照顾孩子的责任，而是把孩子当作自己的私有"产品"，想当然地控制其发展，以

心理咨询案例与策略丛书
——告别学生的烦恼

满足自己的愿望或缺失。

在书中您会看到，这一类父母，他们可能是成功的，但更多的是失败或失意的，对生活有诸多不满。他们中有的学历文凭很高，有的却可能文化程度较低，但都有一个共性特征，那就是掌控欲很强。在教养自己的孩子过程中，他们希望用自己的成功与失败、自己的认知与理解、自己的情感与情绪等经验和教训来控制孩子的发展，完全忽略了孩子的需要和孩子成长的规律。他们想当然地认为，孩子只有按他们的要求去做，才会成为一个他们想象中的"优秀人才"。他们不知道这种做法不仅违反发展心理学的规律，泯灭孩子的个性和人格发展，更大的问题是，把成年人对生活、对生命、对自然、对社会的认知强加给孩子，反而阻碍了孩子的正常发展。另外，在这个控制的过程中，父母也把他们自己的消极的、负面的认知和情绪传导给了孩子。

心理学家海灵格说："幸福的家庭都有一个共同点，就是家里没有一个控制欲很强的人。"在我的咨询中，有一个控制欲很强的家长的家庭，特别是有控制欲很强的妈妈的家庭，出现"问题孩子"的情况很多。这类孩子大多表现为，在幼儿园和小学阶段是那种人人羡慕的邻家小孩，大家都说好的"三好生"。他（或她）习惯按家庭中最强势的那个家长的意志行事，学会看脸色，而人格并没有得到正常的发展。一旦遇到需要独立面对的问题的时候，他（或她）的各种成长的问题就充分表现出来了。他们会表现得情绪失控，消极退缩，缺乏毅力，缺乏同理心，自我否定，自我贬低，嫉妒心强。假如他得到某种认可，他又会显得看不起别人，自以为是。

"三好生"：指老师说好，邻居说好，家长说好。

几乎每一个"问题孩子"的身上，都能找到"问题家庭"的因素。这里需要强调，家庭是社会结构的最小单元，也是最稳定和安全的空间，每一个家庭成员既独立又是有机整体的一部分。家庭不是妄论是非对错、贡高我慢的场所，家庭中的每一个成员都应该得到支持理解和包容。家庭里只有运动员,没有裁判员,更不需要一个判官。

第五,负面强化与泛化。

心理学和心理咨询中所谓泛化指的是:引起求助者不良的心理和行为反应的刺激事件不再是最初的事件,同最初刺激事件相类似、相关联的事件(已经泛化),甚至同最初刺激事件不类似、无关联的事件(完全泛化),也能引起这些心理和反应(症状表现)。

现在的教育中,由于竞争的压力,太多的家长,也有许多老师处于追求考试分数和成绩的排名的重压之下,急功近利,互相攀比,有意无意间只盯着孩子的不足与短板弱项,对孩子的不足与较弱的科目感到十分焦虑,常常挂在嘴边并加以指责。不管孩子的兴趣爱好和个性特征,家长们不遗余力地送孩子参加社会上流行的各种补习班,老师会要求进行额外的辅导。家长及老师们没想到的是,这样的做法适得其反,是一种对孩子的负性强化,使得有些孩子越来越没有自信,越来越自卑,最终越来越不爱学习。更严重的是,有的孩子的问题会因此泛化到生活学习的其他方面。这样的案例在心理咨询中屡见不鲜,有的孩子一两次数学考试成绩不理想,就天天被批评,硬被家长逼着去上补习班,弄得孩子应接不暇,时间分配不过来,疲于应付。不但数学成绩没有提高,还拖了其他学科的后腿,因此散失了学习的兴趣,进而散失了自信心。

有些家庭对孩子的教育是打压式教育,家长习惯性地贬低孩子,不断地挑剔毛病,否定孩子的进步和成绩。以此相反的情况是,有些家长则盲目地否定或是不愿意承认自己的孩子有所谓偏科。这种家长也不想想,这个世界上所谓的"全才"有几个?自己孩子的偏科不正是他(她)的兴趣爱好和特长吗?这不正是需要加以引导,让其发挥发展的优势吗?当孩子的优势得到正向引导和强化时,他(她)的弱项可以变成强项,不好可以变好。

我们在教育孩子时要尽量避免负性强化,避免由于负性强化带来的各种问题的泛化,要细心地保护孩子的自信心和自尊心。只要孩子保持有自信心和自尊心,再培养良好的作息习惯,他(她)的学习成绩就差不了。

第六，停止抱怨。

孩子们在青春期前后，当他们觉得自己长大了、有独立人格的时候，他们最讨厌父母的哪些行为？不同家庭的孩子会有不同的答案，但多年的咨询经历告诉我们，孩子们的答案中出现频率最高的是：妈妈的抱怨和爸爸的琐碎唠叨！抱怨和唠叨是青春期前后的孩子们特别讨厌的家长的行为。

家庭中不需要抱怨和唠叨，看似家庭中经常出现的状况，作为家长要知道，其实它们对孩子的伤害是非常大的。

第七，以爱的名义。

每一个人，只要为人父母，就面临着抚养、教育子女的责任。为什么现今的父母在子女成长的过程中会遇到那么多的问题、痛苦和无奈呢？几乎每一对父母在孩子刚出生时，都抱着无限的遐想，希望自己的孩子将来成龙成凤或成名成家。随着时间的推移他们的要求会越来越低，上学了希望孩子成才成器，再往后他们希望孩子不要惹是生非，到最后只祈求孩子不要学坏就行了……

在青春期前后，有些孩子表现出和以往完全不同的行为方式，不再听信父母的说教和指示，不再是过去的乖乖女、乖乖男。他们开始形成自己独立的意识和人格，急欲自我决定。这时父母们担心害怕得要命，这怎么会是我那听话的孩子？他怎么会不顾及生他、养他，愿意为他付出一切的父母的感受呢？他怎么就敢不听话了呢？他怎么就不相信父母为他们设计安排的道路是最佳、最平坦的路呢？这时，有的孩子无心读书，有的早恋，有的要和朋友外出聚会而不回家，有的和老师顶嘴吵架，有的沉迷于网络。总之，他们开始反叛父母和成年人世界的说教。

所有父母担心的问题似乎都有道理，如早恋、沉迷网络会影响学习；跟着社会上的人有可能会学坏；不好好读书会影响将来的前途。但令父母最伤心和最不可忍受的是：孩子居然不再听话。

在父母和孩子的这场争斗中，父母往往是失败的一方，他们不得不提出几个"只要"或"哀求"：只要子女继续上学；或不过度上网；或保证不早恋；或不跟某几个问题少年来往，就可以重视子女的诉求和想法。他们总是希望孩子有一天会回到父母所期望的道路上来，其实，这仅仅是一种期盼而已了。他们不知道在孩子的整个成长过程中，父母做得最多也是犯错最多的就是在爱的名义下控制子女的自然成长。他们以爱作为幌子，实施着作为父母所特有的权力。他们自以为是地保护、满足、控制孩子的成长方式，试图让其达到自己未能达到的高度，以满足他们自己人生中被生活扭曲了的内心世界的愿望。从未考虑子女的需要，这是家长最容易忽略也是最容易犯的错误。他们认为所有管教子女的方式都是为了子女"好"，他们不知道很多时候他们对孩子的要求，要么是为了自己的面子，要么是为了反射自己的不满，要么是为了发泄自己对生活的怨气，无形中把大人对生活的各种负面情绪和认知转嫁给了孩子。他们错误地以为可以把他们对生活和对世界的认识、态度直接嫁接给下一代，其直接后果是把大人的担忧、厌恨、害怕、愤怒、忧郁、焦虑等负面情绪强加给了孩子。

总之，他们所谓的"爱"或"教育"是在满足自己的愿望、欲望或需求，从未想过孩子的需求。他们不懂得真正的"爱"，是以尊重为前提的。

马斯洛在《自我超越》中说："缺乏尊重的爱，和对儿童内在信息予以尊重的爱是十分不同的。赞同接纳自我，接纳命运，接纳个人内在呼声，便是认定了，使基本需求获得满足，而非使其受挫，乃是大多数人达到健康、达到自我实现的主要途径。所谓基本需求的获得满足，常被人误认为是指在东西、事物、财产、金钱等方面的获得满足。由于最底层的需求和最迫切的需求都是物质性的，因此一般人倾向于将之普遍化为一种以唯物论为主的动机心理学，而忘记了还有较高层次的非物质性的需求也同样是'基本'的需求。这些需求是：（1）受保护、安全感的需求；（2）隶属感的需求；（3）受尊重、受尊敬、被赞同、有尊严、有自尊的需求；（4）能够自由而全面地发展个人才干和能力、能够自由地自我实现的需求。所谓过度保护，意味着儿童的需求由父母来替他获取满足，而无须费他自己的力量，但这样会使他变得幼稚，并会阻碍他发展自己的强忍性、意志力和对自己的肯定。其中一种情形是使他只会利用别人，而不懂得尊重别人；另一方面也意味着对儿童本身力量与选择的不信任和不尊重。换言之，这根本上就是在故示恩惠，令人屈辱。这会使儿童觉得自己毫无价值可言……"

所有正在为教育、培养孩子而苦恼的父母或即将要为人父母的人们，您不需要是教育家，不需要是心理学家，也不需要苦苦地寻觅教育的良方秘籍，您只需要懂得"尊重"也是人的基本需求，并在孩子成长的过程中，确实地尊重孩子的"基本需求"，特别是尊重孩子的"人格"，那么，您就有理由相信并收获养儿育女的欢乐和孩子实现超出您预期境界的人生目标的双重享受。罗素在谈家庭问题中讲到："父母对孩子和孩子对父母的爱，可以成为幸福的最宏大的源泉。但事实上，如今父母和孩子的关系，90%倒成了双方苦恼的根源，99%是双方至少有一方感到不快的原因。这种家庭关系未能给予人们基本的满足，反而是我们时代不快乐的原因中最深刻的一种。如果成人想与自己的孩子维持一种快乐的关系，或给予他们一种幸福的生活，他就得对为人父母的问题深思一番，然后明智地付诸行动。"

需要说明的是，尊重是人的基本需求，对孩子将来人际关系影响极大。虽然从理论上说，任何年龄、任何阶段开始"尊重"都"不晚"，但学会"尊重"、懂得"尊重"孩子的内在需求却是越早越好。心理学理论一般认为儿童在六岁左右基本人格就已形成，儿童作为人、作为发展中的人，更需要被"尊重"。

普遍情况下，子女与父母的期望值会有较大差距。全面了解孩子是管理、教育、培养孩子、使其健康成长的前提。家长不要把成年人式的认知和家长自己成长的缺失、情绪、情结等转嫁给孩子。在亲子关系中，您既是孩子的父亲（母亲），又是孩子人生道路上的良师益友。

罗素在谈家庭问题中有关父母和孩子关系的论断非常深刻。这里择录了部分内容，如能仔细品味并加以理解运用，您一定会大有收获。

附录 罗素谈家庭问题

在过去传下来的所有制度里，再也没有像今天的家庭那样混乱和出轨的了。父母对孩子和孩子对父母的爱，可以成为幸福的最宏大的源泉。但事实上，如今父母和孩子的关系90%倒成了双方苦恼的根源，99%是双方至少有一方感到不快的原因。这种家庭关系未能给予人们基本的满足，反而是我们时代不快乐的原因中最深刻的一种。如果成人想与自己的孩子维持一种快乐的关系，或给予他们一种幸福的生活，他就得对为人父母的问题深思一番，然后明智地付诸行动。

在所有的人类关系中，单方面的幸福往往唾手可得，但双方的幸福却来之不易。单方面的快乐，对另一方面来说，这事并不好受。我们已感到这些单方面的快乐不能令人满足，我们相信良好的人际关系使双方都感到满意。这特别适用于和孩子的关系。结果是，父母从孩子身上获得的乐趣远比过去的多，而孩子在父母那儿受的罪也比以往的少。我不认为真有什么理由，父母不该从孩子身上获得比过去更多的乐趣，虽说目前的确如此。我也不认为有什么理由，父母不该增添孩子们的幸福。但如同现代社会所追求的所有平等关系一样，这需要某种相当的敏感和温柔，对别人个性的相当的尊重，凡此种种，却不为日常生活的好斗性所推崇。

我们可以从两个方面来考察做父母的幸福：第一，其生物的本质；第二，父母以尊重他人个性的平等态度对待孩子后所得到的快乐。

为人父母的乐趣是双重的。一方面，是感到自身的部分肉体又获得了另一种形貌，使其生命得以在其他部分中延续下去，而这部分又能以相同的方式再赋予其部分肉体以另一种形貌，确保了某种质的永生；另一方面，是内心深处的权力与柔情的混合感。

小生命无依无靠，于是做父母的便有满足其需求的冲动，这冲动不仅满足了父母对孩子的爱，而且也满足了父母的权力欲望。只要你认为婴儿尚需帮助，那么你对他的爱便不是无私的，因为这种爱也不过出于保护自身脆弱部分的天性。但是还在很早的时候，父母对权力的迷恋和为孩子谋求利益的欲望就发生了冲突，因为尽管左右孩子的权力在一定程度内是天经地义的，然而孩子能尽早学会在各方面独立自主，却是一件好事，不过它并不使具有恋权冲动的父母感到愉快。有些父母从不知晓这一冲突，依然专制直到孩子们造反为止。不过有些父母认识到了这一冲突，却因此遭受情绪冲突的蹂躏。在这冲突中，做父母的幸福化为乌有。他们对孩子关怀备至，之后又因发现孩子变得完全不合他们的期望而羞愧难当。

现代的父母，在认识到这些危险之后，有时便对管教孩子失去了信心，这样对孩子来说，其父母的帮助远不及他们犯些自然错误那么有益，因为让孩子最为担心的事莫过于大人缺乏决断和自信。因此，与其谨言慎行，不如心洁如水。如果父母真心希望孩子幸福，而不看重对他们的控制，那么他们便无须让精神分析的教科书来指点他们什么该做，什么不该做，单单冲动就会使他们走上正道。在这种情形下，父母与孩子的关系将始终是和谐的，既不会引起孩子的对抗，又不会招致父母的失望。然而，这要求父母在一开始就必须尊重孩子的个性。这种尊重不仅仅是伦理或智慧的原则，并且应当作为某种近似神秘的信仰而加以深刻地体会，以完全摒弃占有和压迫的欲望。

现代人要获得父母的完美的欢乐，必须深深感到上述的那种对孩子的尊重，因为对这样的父母来说，他们不会因压抑其对权力的爱慕而愤怒万分，也不会像专制的父母那样，为孩子获得了自由独立而大为失望。具有这种态度的父母，他们所得到的欢乐，远甚于专制父母在权力鼎盛时期所拥有的。而一个想在这摇摇晃晃的世间上竭力维持支配地位的人，却不可能得到这一欢乐。

第二章　点亮自己，温暖他人
——快速提升你的咨询水平，写给心理咨询师们

在多年的心理咨询实践和咨询师技术督导工作中，我积累了诸多的咨询经验和感悟。不仅接待了各式各样的求助者，为他们解除了心理问题和疾症，也接触到许多风格技术各异的心理咨询师，看到他们因咨询方法不当而陷入困境，特别是那些刚取得心理咨询师资格证、有志从事心理咨询工作的"新手们"在咨询过程中遇到各种问题和困难时的困惑与茫然。他们抱着美好的愿望、高昂的热情，希望得到专业上的成长，同时又急切地想帮助他人，然而，在现实的咨询中，常被求助者质疑他们的咨询水平，让他们的一腔热情屡屡受挫。

咨询师们虽然经过辛苦的学习培训，花了不少的钱取得了资格证，满怀热情急切地想要踏入咨询行业一展身手。但是，真正进入到实际咨询中，却又不知从何入手，如何实施有效的咨询。有的咨询师非但没有帮助到咨客，自己反而还受到打击或创伤，从而对心理咨询工作的期待展望和热情在现实中迅速消退丧失。究其原因，这跟他们的专业知识储备以及知识结构、社会阅历特别是对心理咨询和心理工作的认知水平、心理咨询工作规范的缺失有很大关系。

本书针对这些困惑和问题，经过精心的设计、规划、编排，有意识地通

过案例再现的形式，向大家呈现咨询的过程和细节，解决问题的思路、途径，应用了哪些心理学相关知识和心理咨询技术、技能、技巧，如何建立咨询关系，如何有针对性地制订咨询方案，根据咨询的进展如何调整咨询方案。案例中涉及的某些知识点、技术技能、理论、咨询原则、流派等，均以备注、小结、总结、专栏等形式在书中呈现给读者。

本书给出了许多专业的知识、技术、技能和原则的应用示例，相信您在其他书籍中难以找到类似这些实用的、有操作性的、专业的知识和专业技能。

一、咨询原则

本书的某些内容涉及不同的学派理论，在整理案例集时，本人整合了一些分散的不同的说法，结合多年心理咨询、技术督导以及教学培训的经验，总结提出心理咨询的五大原则：

保密原则；

有诉求的原则（不求不助）；

不能有双重关系的原则；

终止和转介的原则；

收费的原则。

无论您是什么流派，崇尚什么理论，擅长什么技术，只要您从事心理咨询工作，这些原则都会很好地帮助心理咨询技能的提升。掌握好这些原则，您的咨询技能就会有长足的进步。

我在一些心理技能体验课和督导课中，看到各种生搬硬套照本宣科的做法导致咨客对心理咨询产生了疑惑，同时也让咨询师对心理咨询失去了信心。

在心理咨询的开始阶段，应该如何与咨客进行交流沟通、建立咨询关系？初诊接待第一句话该说什么？该怎么说？有的咨询师依然是照本宣科：

"我很希望知道，我在哪方面能向您提供帮助？"

"您希望在哪方面得到我们的帮助?"

"非常欢迎您前来咨询,谢谢您的信任。"

"我很愿意向您提供心理学帮助。"

"如果您同意的话,请您填写这张表格。"

这类刻板的说教毁了多少可以建立的咨询关系,使得多少新手不知所措,甚至退缩放弃。各位心理咨询师们,读了本书,您会懂得如何自然而又不违反"原则"地进行咨询。根本没必要生硬地找措辞,别扭地照本宣科地去与您的咨客对话。

一个好的咨询本来就应该是自然的,您完全可以从介绍咨询原则开始进入到首次咨询中。比如:

"请问,您做过心理咨询吗?"

"您对心理咨询、心理学有所了解吗?"

"心理咨询有一些重要的原则,我先给您介绍一下相关的原则。"

心理咨询的第一原则是保密原则,也是最重要的原则,应该向咨客解释清楚。比如:

"我们的咨询可能会涉及您的某些内心状态和各种关系,随着咨询的深入也可能会涉及您的某些隐私,对于这些仅限于我们两人之间的咨询过程中的交流,我们不会做记录、录音、录像等,我们有保密的义务。"

然后,再逐一地介绍有诉求的原则、不能有双重关系的原则、转介和终止原则、收费的原则等。很多情况下并不需要五大原则都一一介绍,除了保密原则一般都需要告知咨客外,您可以根据咨客的情况有针对性地选择其中的某几条原则进行介绍。

在我的咨询督导中曾经遇到过这样的案例,咨询师是一位30岁左右的漂亮女性,她接待的咨客是一个50岁左右的男子,咨客进入咨询室后,带性暗示地主动大谈他如何与异性交往的过程和细节。在这样的情况下,我们这位女咨询师在做咨询原则介绍时,依然按部就班先介绍了保密原则,这反而让这个咨客更加肆无忌惮地吹嘘他的风流史、风流事和细节,眉飞色舞,根本停不下来,咨询很难顺利进行。作为心理咨询师,遇到这样的咨客或类似的情况,您完全可以跳过保密原则,直接向他介绍转介和终止原则、不能有双重关系的原则以及收费原则,情况将会好得多,以保证咨询的顺利进行。

灵活运用我们总结的五大原则,好处多多。上面说到的这个案例,咨询师应该先介绍"转介和终止原则"以及"收费原则",让咨客意识到,在咨询的过程中漫无边际的闲聊、夸夸其谈、东拉西扯都是咨询的一部分,所有的时间都是需要收费的,这是其一。其二,转介和终止不只是咨客的权利,咨询师也可以根据咨客的特点和需求转介给其他更适合他特点的咨询师或终止咨询服务。遇到这类咨客,如果咨询师还是按部就班地去介绍保密原则,咨客就会以为在诱导他或喜欢听他自我暴露的内容,这也说明咨询师的咨询训练和咨询经验不足。更严重的是,咨客很可能会挑战咨询师,认为咨询师的能力水平不够,极端情况下,还会直接挑衅咨询师,认为咨询师也是他可以征服的对象之一。

还有一种常见的情况,当亲戚、朋友、熟人知道咨询师是学心理学或做心理咨询工作的专业人士时,常会要求咨询师为他们做心理咨询服务或解决某种心理问题。有一些心理咨询师要么违反不能有双重关系的原则给熟人提供心理咨询服务,要么很刻板地告知他们心理咨询不能有双重关系而生硬拒绝,搞出一副很有原则的样子。这样的做法,让很多人觉得学心理学的、做心理咨询工作的人怪怪的,不太正常似的。遇到这类情况,咨询师完全可以跟自己的熟人朋友做一个心理知识和心理咨询常识的普及介绍,利用咨询师的专业知识帮助熟人朋友分析解释、答疑解惑,提供各种思路,需要的话提供资源转介给其他心理老师为其提供专业的心理服务。这样的话,既不违反原则,又普及宣传了心理咨询的相关知识,同时也照顾到了人情世故,一下子,把"不能有双重关系""转介和终止"两大原则都运用发挥得很好了。

因此,本书总结的五大原则非常适用,便于操作,对于建立咨询关系和保证咨询的顺利进行大有帮助。咨询师的专业能力和专业水平是靠自己的专业知识和专业精神来支撑，希望咨询师读了本书后，能灵活运用这些原则，进而提高自己的能力和水平。

除了保密原则之外，不同的教材或书籍对心理咨询的原则会有其他一些不同的条款，比如，有的书籍列出"中立原则""时限原则""尊重原则"等。类似这些所谓的原则，要么是属于不能完整定义，要么属于咨询师自己内心知道即可的。本书所归纳总结的五大原则均属于咨询师和咨客都应该了解的，也是咨询师应该告知咨客的心理咨询原则。只要不是必须告知咨客的，均没有被本书归为原则之列。

二、关于学生的成绩

本书所有的案例都是以学生为主。谈到学生学业，就一定与成绩分不开，这是目前全社会、家长、老师都十分关注的话题。通过我们的案例，你会看到家长在教育孩子时的期望、痛苦、焦虑、担心和无奈；看到老师辅导员等教育工作者的辛苦、希望、急切和关注；看到孩子们成长的烦恼和需要被理解、被接纳、被认可的渴望。许多"问题孩子"最初的表现是学习成绩不理想，从而被成为"问题孩子"的。成人们看到孩子学习成绩下降，便试图用他们自己的种种经验教训灌输孩子，用成人式的认知和想法去教育或要求孩子，希望他们意识到学习的重要性，意识到成绩的重要性，意识到听话的重要性。由于他们不是专业人士，他们不太懂得人的意识、认知、人格、行为能力是逐步发展而来的。发展有其规律和特点，任何人也代替不了别人发展，包括自己的子女。发展本身也不是线性的，而是螺旋上升的，有起伏的。更多的情况是，许许多多的学习问题，不是学习本身的问题，而是家庭、人际关系、角色定位、环境等诸多内外因素集合而造成的。现实生活中，成人们只在乎学习成绩，成绩好就可以掩盖一切，成绩不好就一切都是问题。成绩高于一切，所以他们只会盯着孩子成绩的好坏，而忽视了孩子健全人格的发展。

大多数情况下，初中以下的孩子很少因为学习成绩不好来咨询。一般都是出现了逃学、厌学、失眠、网瘾、不良社交、强烈对抗父母、对抗老师或人际关系障碍，甚至部分出现神经症状才来寻求帮助的。家长的表述最多的是：

"我的孩子学习成绩下降，不愿好好读书，这个年纪不读书怎么行嘛！我让他（她）好好读书有什么错嘛？"

"他不好好学习还变得越来越不听话，越来越不懂事，越来越自暴自弃，越来越不可理喻。"

"王老师您是心理方面的专家，您帮我好好劝劝他（她），让他（她）好好学习，现在不好好学习考不上大学怎么办嘛！"

……

当孩子学习成绩下降、不愿学习时，作为家长都会做些什么？大部分家长会告诉你，为了不让自己的孩子输在起跑线上，为他们报了各种学习班、补习班，为他们请了高大上的家教，学了各种才艺等等，然后是晓之以理动之以情地给孩子讲述学习的重要性。

由此可见，除非是有明显的成绩之外的症状，如抑郁、焦虑、失眠或其他躯体问题，家长们说得最多的就是成绩，只要成绩好，其他任何问题都不是问题。因此，作为心理老师你就常常会遇到需要帮助你的咨客（各类学生）解决学习方面的问题。

在多年的心理咨询培训和督导工作中，我看到太多的心理咨询师在咨询中随大流地给孩子说教、讲道理、说明学习的重要性，空洞地告诉孩子要树立理想目标，要制定人生规划，要提高认识，要努力进取……有很多咨询师希望改变孩子的认知，提高认识水平。其结果是咨询难以进行下去，难见成效，最终的结果是家长、老师和学生对心理咨询失去了信任，家长和老师对孩子也失去了信心。

造成这种现象的因素有很多，这跟心理咨询师培训中过多地强调认知和认知疗法以及习惯性地、不自觉地希望改变他人的方式有关。而之所以过多地强调认知和认知疗法，是因为一旦改变了认知，咨询便容易见效；另外，教学中讲授的认知疗法，相对容易操作。也因为如此，心理咨询师的答辩论文，几乎百分之九十九都与认知或认知行为疗法有关。

首先要明确，作为心理工作者，特别是心理咨询师，你应该懂得，世界上改变别人、改变别人的认知是很难的事。更何况认知疗法本身是有限制性条件的，有些人群是不适合用认知疗法的。更重要的是，现在的学生，无论他上几年级，难道他不知道学习的重要性吗？难道他不想成绩好吗？社会、学校、老师、家长、同学一直在强调学习成绩要优异，力争考上好的中学、大学，这样的说教，他们听得还少吗？如果你的学生咨客来到咨询室，你还是跟他谈学习态度、学习方法、学习的重要性等，你觉得你的咨询效果会好吗？只要你直接谈学习本身，特别是对学习成绩的重要性的认知问题，咨询效果就肯定不会好。他们的经验里已经有太多的关于学习和学习成绩方面的重要性的各种说教，同时也有了严重的抵触情绪，面对这样的咨询，孩子不反感你就很难得了。

引起学习成绩下降或成绩不好的原因，排除精神和智力等问题，我们可以用一些具有可操作性的、规律性的、方向性的思路来展开你的咨询工作。

（一）完整地接纳，正向鼓励

造成孩子学习不好的原因有多种多样。不管什么原因，你与老师、家长的角色不同，你都得接纳并懂得有因才有果。在你的咨询方案中要调整改善"因"，而不是只强调"果"。咨询中孩子的任何正向表达或改变，都要适时地给予鼓励。

（二）制定工作目标，时间管理

你和你的学生咨客在制定咨询目标时，可以把问题、原因等从易到难，从轻到重，从急到缓排列，制定出咨询目标和步骤，计划出近期完成什么，中期实现什么……

（三）制定规划，培养良好的作息习惯

根据咨客的情况制定每周或每天的作息规划，这种规划一定要是你的咨客愿意完成且能够完成或实现的。凡是孩子不愿做或做不了的，都暂时不要列进去，可以留白，根据咨询情况再适时调整补充。强调一下，这种规划一定要有睡觉和起床时间，还要有孩子的兴趣爱好和玩的时间。

（四）培养孩子的专注力

在咨询过程和作息规划中，要照顾到孩子的特点和兴趣爱好，各种活动（包括学习）最好是通过某种努力或改变能够实现的。学生的专注力非常重要，很多孩子学习时想着玩，玩的时候又担心作业还没做，上课时又担心作业没做好会不会被点名。总之，玩也玩不好，学也学不好，长此以往专注力急剧下降，学习怎么可能会好呢？

在本书的案例中，你还能看到，有的孩子学习成绩下降是因为过度关注家长的意愿和意志，丧失了自我。他（她）只会看妈妈或爸爸（总之家里最强势的那个成年人）的脸色行事，他（她）是在满足家长的愿望，而不是自己的愿望。这种情况下，他的注意力会集中在家长的喜好上，而不是在学习上。到了小学六年级或初中以后，学习环境和特点有了改变，学习科目增加，他（她）便适应不了，难以把精力放在学习上，学习成绩会下降得很快。这种情况的"问题孩子"在现实中屡见不鲜。其实，本质上这也是一种忽视创伤（忽视孩子成长的需求）。

> **忽视创伤**：忽视创伤主要是父母对孩子造成创伤的一种形式，是指父母不能满足孩子本质的生理或心理需要而产生的伤害。

（五）避免负性强化

很多咨询师在咨询中喜欢讨论存在的"问题"，家长和老师也习惯性地给孩子弱的、差的科目进行各种补习，这些行为有意无意地强化了孩子的负面特征。许多孩子差的科目没补起来，反倒拖累了好的、强的科目，使其也变成差的。最严重的是，长此以往有的孩子越补习越没有信心，最后丧失了自信心。我们的咨询师们也受"社会大流"的影响，在咨询中"好心地"强化了孩子的负面情况，使得问题泛化。

因此，在咨询过程中咨询师要善于适时地发现学生的正向行为、正向思考、正向情绪，并加以鼓励和运用。讨论和鼓励他们可以做什么，能做什么，也包括他们的思想和情绪。

（六）保护好孩子的自信心

对学生的咨询，保护或重树孩子的自信心必须是心理老师心中的一个重要目标。不管你运用什么技术技能，无论你崇尚什么流派、学派，这个目标始终要在你心中。在本书中你会看到，大凡优秀的学生都保持着很好的自信心，优秀的家长懂得保护孩子的自信心，优秀的咨询师会帮助孩子找回自信心。

（七）建立良好的人际关系

在咨询或咨询规划中，根据情况可以包含适合孩子年龄阶段的人际交往方式的内容。例如，学习人际交往技巧，提升人际交往能力，建立适当的社会支持系统等。特别是对有抑郁、焦虑、自残、暴力倾向、自卑等问题的孩子，和他（她）一起讨论并建立他（她）认可的社会支持系统非常重要。当他（她）有某些极端思想或行为时，由于你的咨询，使他（她）能够想到求助，或想到找合适的人聊聊。

总结一下，作为一个心理咨询师，会经常遇到学生的学习问题。如果你也像老师、家长一样强调学习的重要性，进行各种说教，或讲各种大道理，那么你的咨询多半会走入死胡同。学生们、孩子们最不缺的就是"道理和说教"，他们早就听烦了。

我们的咨询目标应该建立在保持或重塑孩子的自信心、提高专注力、养成良好的作息习惯、学会时间管理规划、培养发展自己的情趣爱好或优势、建立良好的人际关系的基础上，通过这样的咨询，孩子的学习成绩会越来越好。我经常跟家长说，如果咨询按家长的思路和想法来进行，那么孩子一定会认为我是家长的帮凶。如果孩子专注力提高了，有好的作息习惯，自己的兴趣爱好或特长得以发挥，保持自信，那么他的学习想不好都难。

三、关于心理咨询的风格和流派

在心理学界，特别是心理咨询行业内，由于存在众多的心理学学派和流派，心理咨询的发展应用因此呈现出了多样化、专业化与功利化的现象。

现实中有这样的现象，有的人在有意无意间、自觉不自觉地标榜自己的学派、自己的理论、自己的技术如何的高大上，如何的没法比，无形中挤兑了不同的学派与同行。另外一种现象是极度追求内卷，认为花几十万把各种理论、技术通学一遍，以参加的培训种类和付出的高昂学费来标榜资历，抬高自己，由此获得自信。

作为心理咨询专业人士，我们应该探讨一种简洁、专业、有效的方式或路径，培养发展一大批具有职业操守又有专业能力的心理咨询从业者，以适应社会高速发展以及人们对心理健康教育与咨询的需要。秉持开放包容的心态，兼收并蓄，博采众长，摒弃急功近利、文人相轻等现象。不同的学说流派体系应该互相吸取营养，避免贡高我慢、自以为是，避免否定或贬低他人或其他学说流派。这样有利于心理学心理咨询知识的普及与应用的发展，心理咨询行业也才能步入更加健康良性的生态环境。

心理学脱胎于哲学，与哲学有着不可分割的关系，与其他学科如自然科学、社会学、文学、美学……也有密切的联系。在人类的历史长河中，心理、心理问题、心理学发展源远流长，理论、学说、流派、风格众多，发展到今天的心理咨询基本上是一个应用科学，或者叫实用型学科。你的理论基础和专业知识只是适用的基础而已，你所有的人生经历、经验，无论是直接经验还是间接经验都可能被用到。在真实的咨询中，根据你的咨客的特点和问题，什么方法理论有用有效，就用什么，没有高低优劣之别。你的直接经验（经历）和间接经验（学习的）越丰富，对你的咨询越有用。有时也许某一小说的情节、某句诗歌、某段散文、某个儿时的故事都会被你用到，且会达到意想不到的咨询效果。

你可以发挥你的强项和风格，但其他的理论技术也可能被用到。比如，现在很多心理老师大多喜欢应用的认知疗法。你在使用认知疗法时，很可能遇到某些瓶颈而找不到问题的原因，让你的咨询停滞不前或无法深入，这时你可以用精神分析的技术看看他被压抑的情结或潜意识的问题，也可以用人本主义心理学的视角理解他成长中的不满和人的正面本质及价值等。无论你是什么学说流派，只要对你的咨询有利，在咨询中都可以用到，如自由联想、沙盘、绘画、空椅、释梦、行为矫正……具有适用性并能帮助到求助者的技术，你都可以用。

以下是参与性技术与影响性技术，供参考。

表2-1 参与性技术与影响性技术

参与性技术		影响性技术	
倾听	倾听是心理咨询的第一步，是建立良好咨询关系的基本要求。	面质	面质，又称质疑、对峙、抵抗、正视现实等，是指咨询师指出来访者身上存在的矛盾。
开放式询问和封闭式询问	1. 开放式询问：通常使用"什么""如何""为什么""能不能""愿不愿意"等词来发问，让来访者就有关问题、思想、情感给予详细的说明。 2. 封闭式提问：通常使用"是不是""对不对""要不要""有没有"等词，而回答也是"是""否"等简单答案。	解释	即运用某一理论来描述来访者的思想、情感和行为的原因、实质等。
鼓励和重复技术	鼓励，即直接重复来访者的话或仅以某些词如"嗯""讲下去""还有吗"等来强化来访者叙述的内容并鼓励其进一步讲下去。	指导	咨询师直接地指示来访者做某件事、说某些话或以某种方式行动。指导是影响力最明显的一种技巧。

续表

参与性技术		影响性技术	
内容反应	内容反应，也称释义说明，是指咨询师把来访者的主要言谈、思想加以综合整理，再反馈给来访者。	情感表达	咨询师告知自己的情绪、情感活动状况，让来访者明白。
情感反应	情感反应，与释义反应很接近，但有所区别，释义反应着重于来访者言谈内容的反馈，而情感反应则着重于来访者的情绪反应。	内容表达	内容表达，是指咨询师传递信息、提出建议、提供忠告、给予保证、进行褒贬和反馈等。
具体化	具体化，指咨询师协助来访者清楚、准确地表达他们的观点、所用的概念、所体验到的情感以及所经历的事件。	自我开放	自我开放亦称自我暴露、自我表露，指咨询师提出自己的情感、思想、经验与来访者共同分享。
参与性概述	概述，指咨询师把来访者的言语和非言语行为包括情感综合整理后，以提纲的方式再对来访者表述出来。	影响性概述	咨询师将自己所叙述的主题、意见等经组织整理后，以简明扼要的形式表达出来。
非言语行为的理解与把握	非言语行为，能提供许多言语不能直接提供的信息，甚至是来访者想要回避、隐藏、作假的内容，借助于来访者的非言语行为，咨询师可以全面地了解来访者的心理活动，也可以更好地表达自己对来访者的支持和理解。	非言语行为的运用	咨询过程中会出现大量的非言语行为，其或伴随言语内容一起出现，对言语内容作补充、修正，或独立地出现，代表独立的意义，在咨询活动中起着非常重要的作用。

四、充分地认识自我

当你获得心理咨询师资格证欲从事心理咨询工作时，本人强烈建议你做一个深度的自我分析。在心理咨询培训中如果没有这个环节，是非常遗憾的。

心理咨询师深度自我分析问卷

请认真阅读以下问题，并认真思考你最真实的答案。

1. 你了解你的价值取向吗？
2. 从事心理咨询师工作能给你带来什么？
3. 你觉得自己的哪些个性或人格特征适合从事心理咨询工作？
4. 你觉得自己的哪些个性或人格特征阻碍你成为心理咨询师？
5. 你的职业理想是什么，或者说除了心理咨询师，你还想从事什么职业？
6. 你对良好沟通的理解是什么？
7. 到目前为止，你具有哪些角色？这些角色的特质是什么？
8. 你最喜欢什么角色？你最反感的角色是什么？你想成为什么样的角色？
9. 回忆你到目前的人生历程，你是否有一些未曾愈合的心灵创伤？
10. 你是如何处理这些心灵创伤的？
11. 如果来访者与你有同样的心灵创伤，你会有什么样的感受？（可以找到类似问题，让信任的人讲述给你，以观察自己的真实感受。）
12. 你最不能忍受的事情或观念是什么？
13. 在与人交往过程中，你的好恶会左右你的情绪吗？
14. 你对自己的评价是什么？
15. 对于自我的认知，你更偏向于接受他人的评价还是自己的评价？

注：对于以上分析，如果你感觉自己进行得不是很顺畅、很透彻，可以请有经验的咨询师或督导老师与你共同完成。

多年的心理咨询培训与督导工作，我看到太多的咨询师甚至专家教授在他们的咨询中，他们的提问方式、好奇点、情感情绪的表露方式，表面上是以某种风格在跟咨客交流，实质上是在满足咨询师自己的好奇心或需要。举个例子，一个五岁孩子的母亲说：

"老师，我太痛苦了，我要离婚。"

你会如何回应？你可能会说：

1. 孩子还那么小，怎么就想到离婚？
2. 什么原因想要离婚？
3. 引起离婚的原因会很多，据我所知性生活不协调是最大的因素。
4. 有这种想法是正常的。
5. 我很理解你，但要谨慎处理，不要急于做决定。

还会有很多不同的回应方式。你知道这些不同的回应方式背后可能代表咨询师的什么倾向吗？它们分别对应的是：

1. 关注孩子。可能自己或父母儿时有类似的经历或创伤。
2. 直接、粗线条，有回避讨论离婚之嫌。
3. 对性话题感兴趣。
4. 有可能自己或父母有类似经历。
5. 逃避、自卑。

咨询中的对话方式除了代表咨询师的风格能力外，还代表咨询师的内心状态和倾向。问题是，很多咨询师并不知道这是他们自己的需要，而不是求助者或咨询的需要。他们往往会把咨询带上歧途，走很多弯路，甚至误导了咨客。

咨询师也是人，他们在成长的经历中也会有潜意识下的各种情感、情绪、情结、创伤；他们也会有各种好奇心、关注点、痛点、笑点；他们也会有性格缺陷、不足、怪癖等，这些都可能会有意无意地带到心理咨询中。因此，在进入心理咨询工作前，咨询师应该、也必须了解自己。自己有什么情结？自己在意什么？自己是什么性格特征？自己讨厌什么？反感什么？自己最大的缺失是什么？只有真正地了解了自己，咨询师在咨询中才会知道，一句话，一个方向，乃至整个方案，是自己的需要还是咨客的需要。

所以，对于一个要从事心理工作的人，自我剖析非常重要。咨询师最好能找一个有经验的上级心理老师帮自己一起完成自我的剖析。现在能找到的自我分析表格，内容过于简单，如果有督导老师或有经验的咨询师帮助自己做这个分析，他会根据实际情况，结合分析表中的每一个项目，进一步地提出若干小问题让咨询师思考回答，这样会让咨询师对自己有较深的认识。

当咨询师对自己有了较深的认识以后，我的建议是，凡是自己没有处理好的情结或反感内容的咨询，都不要接。比如，如果讨厌反感同性恋，那么这一类的咨询最好不要做；如果是一个女性心理咨询师，有山鲁佐德情结且没有处理过，那么，像那种坏坏的、屌屌的、帅帅的男孩最好转介给其他心理老师，这样可以避免自己不知不觉地陷入"拯救他"的情结中。

> 山鲁佐德情节：山鲁佐德情结指在情感中自我豁免，相信凭自己能让浪子回头，对这一类的对象反而产生偏爱。出自《一千零一夜》，那个感化残忍的国王的女主角就叫山鲁佐德。

五、家庭关系与亲子沟通

多年的咨询经历让我体会到，家庭中产生问题的因素各式各样，经济的、情感的、角色错位的、家庭关系混乱的、缺乏边界的、自私的、身体的、心理的、教育的等等，这些因素都可能给孩子的成长带来负面影响，从而使其成为一个"问题孩子"。

本书的案例虽然都是关于学生学业的，主要呈现学生的咨询过程和各种问题的解决方案，但是所有的问题孩子，也包括学习问题，都跟他（她）的家庭和成长环境有关。因此，家庭的治疗，特别是家长的配合对咨询的效果有很大的关系。很多孩子的问题需要家长主动做出有益的调整和改变，以带动孩子的改变。比如，家庭角色定位不准、家庭功能缺失、家庭关系出现问题等因素都会影响孩子的成长，甚至造成"问题孩子"。现代城市家庭中孩子的诸多问题是由于家长的"非爱行为"造成的，然而，在咨询中我们发现太多的家长根本不知道非爱行为，更不知道非爱行为给孩子带来的问题和伤害。他们说得最多的就是，我是为你好，我是爱你的，你照我说的做可以少走弯路，你怎么就是不懂，我们为你付出那么多你怎么就是不领情啊！

> **非爱行为**：非爱行为是以爱的名义对自己最亲近的人进行一种强制性的控制，让他按照自己的意愿去做。这其实是一种非爱性的掠夺，往往发生在夫妻之间、恋人之间、母子（女）之间、父子（女）之间，也就是世界上最亲近的人之间。

家长们凭借自己的经验教训和成人对生活的理解，打着爱的旗号去要求自己的孩子，实则是满足家长们的遗憾、缺失、愿望等，从而忽略了孩子的真实需要和成长需求。

因此，很多孩子的个体咨询，如果条件允许的话，可能需要做家庭治疗或家庭咨询，通过家长的咨询来配合孩子的咨询，这样会起到事半功倍的效果。我们经常说，所有的"问题孩子"都可能在家庭和家庭关系中找到问题的某些根本原因，"问题孩子"背后一般都有"问题家庭"。

第三章　青春的困惑
——家庭角色错位

卢梭在《爱弥儿》里写道："人的教育在他出生时就开始了，在他不会说话和听别人说话以前，他已经就受到教育了。"

孩子一旦呱呱坠地，就开始了社会化过程。妈妈是孩子接触的第一个社会人，因此，妈妈这个角色对孩子的成长有非常重要的影响。然后他会接触到爸爸、爷爷奶奶、外公外婆、兄弟姐妹等家庭成员，随着孩子不断地成长，他还会接触家庭之外的各种社会人物。由于人类成长从小到大需要十几年的漫长时间，这个成长过程主要是在"家"这个小社会中实现的，因此家对孩子的成长有着密不可分的重要关系。现代家庭往往注重孩子的物质条件、文化条件和环境因素，而忽视了家庭内部各种角色对孩子成长的影响。比如，离异家庭的角色缺位，夫妻长期分居、家庭关系错位等明显角色缺位，给孩子带来成长的困惑和问题。在我们的案例集中您能看到，另外有一种更为普遍的给孩子成长带来困惑和问题的现象。那就是，虽然家庭角色没有缺失，但家庭角色定位不准确，角色功能在家庭内部无法体现出来，给孩子成长造成负面影响。许多家庭完全意识不到这种情况是家庭角色功能散失或错位所造成的问题。比如，家暴、夫妻吵架、强势妻子、夫妻间道德绑架、家庭中有一个绝对"正确"者、没有担当和责任心的爸爸、女性化倾向的丈夫、男性化倾向的妻子等等。他们没有明显的角色缺位，在日常生活中却有各式各样的角色错位和角色功能缺失，这种情形在现实中给家庭和孩子成长带来的困惑和问题更加普遍。

在家庭关系中，每个人都有自己的角色，并且这些关系也都有一定的序位。家庭关系的核心是夫妻关系，夫妻关系永远是第一位的；其次才是孩子和爸爸、妈妈3人之间的关系；在后才是孩子跟妈妈、孩子跟爸爸的关系。而在几代同堂的家庭中，则新的夫妻关系优于夫妻二人的原生家庭。夫妻二人各自原生家庭中的爸爸妈妈他们的夫妻关系是原生家庭的核心。

在家庭中保持这样的关系序位，孩子才能感受到安全感，感受到被爱，感受到被重视，孩子才能健康成长。如果这种序位被破坏，某个人代替了他人的角色，家庭序位就会"失衡"，也就会出现问题。

在孩子的成长中，家庭角色错位的现象，以下这两种情况最为常见。

第一，孩子代替父亲（母亲）成为母亲（父亲）精神上的"伴侣"，这个时候孩子就容易出现问题。德国著名心理治疗师海灵格将孩子称为家庭中的"救世主"，因为孩子天生有一种保护家庭稳固的本能。其实孩子是很敏感的，父母是否恩爱他能敏锐地感觉出来。如果他感到父母相爱，孩子就会安心地去做一个快乐的孩子，而如果他感到父母不相爱，则会有意无意地在一定程度把自己当成是爸爸或者妈妈的成人配偶，去做一些和他年龄段不相符的事情，这种现象在现实生活中非常常见。

第二，在三代同堂的家庭中把上一辈（公公婆婆或者是岳父岳母）与丈夫或妻子之间的亲子关系超越了夫妻间的关系，也会影响到孩子的身心健康。

根据海灵格家庭排列的理论，新的家庭优先于夫妻二人的原生家庭。当一个人结婚的时候就建立了一个新的家庭，这个新家庭应该优先于他们各自的原生家庭。因为，只有伴侣两个人都从他们的原生家庭分离出来，新的关系才能成功，如果丈夫对妻子或者妻子对丈夫说"我的父母更重要"，那么这段关系就会受到影响。

家庭角色的缺位或明显错位在现实生活中给孩子的成长带来的影响也是较为明显的，已经被社会和家庭引起重视。比如，离异家庭、单亲家庭、长期夫妻分居等。

本章的案例中，你还会看到另外不明显的、容易被忽略的角色错位给孩子带来的伤害和成长问题的情况。

许多家庭虽然没有类似留守儿童、离异家庭等角色缺位，他们的家庭角色表面上看是完整的，但家庭角色的功能有缺失错位或是丧失。有的家庭中夫妻由于工作性质、住房条件等原因两地分居，或情感问题造成孩子多由夫妻中一方教育抚养，客观上造成家庭角色的错位或不足。如夫妻角色中男方是公务员，工作忙，顾不上家，觉得给妻子和家庭的照顾不够，家中的一切都是妻子说了算，客观上形成了家庭关系中的强势妻子、强势妈妈。家庭中的丈夫和爸爸的功能被弱化或丧失，因而造成孩子成长中缺乏男性的有效模板，孩子习得的几乎都是女性化的特征。也有相反的情况，有的家庭妻子几乎不管家，或特殊原因顾不上家、不能陪伴孩子成长。家庭中几乎体现不出妻子和妈妈等女性角色的功能和榜样，孩子习得的几乎都是丈夫和爸爸等男性角色的特质，而造成孩子成长中的各种问题。

现代家庭中，孩子成长的直接经验大多是直接模仿习得妈妈爸爸的行为模式而来的，家庭成员的互动模式对孩子的影响很大。孩子接触的第一个社会关系其实是父母，孩子的许多问题是因为家庭关系中的角色定位不准或缺乏边界感而造成的。随着社会的发展，男性女性的特征相互融合，许多家庭关系和角色特征变得模糊，比如说男人女性化，女人男性化；又比如，孩子成为父母的照料者，父母成了孩子的索取者。通过我们的案例，您能看到家庭当中的一些特殊现象，让孩子在成长当中产生困惑和问题。比如说强势母亲，母亲的女性特征在现实生活中被抑制或掩盖，而体现出来的是一些本该是男性的特征。这类家庭，孩子本该从爸爸身上习得的男性化特征如勇气、担当、责任感、牺牲精神等，在现实生活中我们很少能看到。反而体现出来的是退缩、絮絮叨叨、婆婆妈妈等表现。从妈妈身上习得的女性化特征如容忍、善良、温柔，由于各种原因我们很难看到，反而看到的是粗线条、没有同情心、缺乏同理心等不良特征，有的孩子甚至出现男孩女性化、女孩男性化倾向。

家庭角色定位准确，角色功能得以展示对孩子的成长和发展影响极大。你既是爸爸妈妈的儿子或女儿，又是新家庭的丈夫或妻子，还是你们孩子的父亲或母亲，同时又是孩子成长过程中的良师益友。

 青春的冲动——初三男生谈姐弟恋欲休学

> 在男孩性成熟过程中，情感可能产生转化，这时候父性开始展现，与父亲的关系是"矛盾性亲近"，既愿意接触，有表现出反叛；与母亲相处，则是"亲近性疏远"，关系亲近，内心却疏远。有时姐弟恋始于男性恋母情结，当男孩思想逐渐成熟，其心态与观念也会随之改变，这时姐弟恋也可能由激情转为平淡。

案例介绍

一位初三男生的母亲主动来咨询。进入咨询室后，母亲的表情凝重，感觉很焦虑，又无助又无奈。通过交流得知她已离婚，儿子跟着她。儿子上学多次迟到和旷课，且经常和母亲耍赖不去学校；他在家待上三五天又会强烈地要求去学校上课，而上课几天后又会突然不愿意去学校，赖床不起。为了保住儿子的学籍，母亲经常无奈地帮儿子开病假条，到学校向班主任和学校领导解释情况，央求学校能够保留儿子的学籍。不管母亲怎么劝说，儿子都不愿意理解母亲，导致母亲很焦虑。

第一次咨询

咨询师：通过您的介绍，我大致了解了您儿子的情况。一般来说，类似于您儿子的这种情况，常常都和家庭或者父母的互动模式有关，您能说说您和儿子的关系怎么样吗？

第三章　青春的困惑——家庭角色错位

母亲：老师，儿子在初二以前都比较听我的话，很乖，有什么事都愿意跟我讲。可到了初三，成绩下降，也经常逃学和迟到，我再和他说什么，他就和我唱反调，这么大的人了，打也不是，骂也不是。

咨询师：您是什么时候离婚的？

母亲：在儿子初一的时候，也就是两年前。我发现他爹在外面有了其他女人，我坚决要和他离婚。那个时候儿子什么都向着我，而且很听我的话，没想到现在什么都和我对着干，关键是不好好读书。

咨询师：他和他爸爸的关系怎么样呢？

母亲：他爹就是个无赖，离婚后要付的抚养费经常拖欠不给，跟儿子很少见面，生活学习的开支主要靠我承担。我儿子现在基本上是只有妈没有爹的状态，我越说他、越要求他，他就会越气恼。

咨询师：您能不能考虑一下先调整好自己的生活、工作状态，特别是作为母亲这个角色能做些什么调整。

母亲（略带生气）：王老师，我每天管他的生活，督促他学习，难道还没做好作为一个母亲该做的吗？

咨询师：您没有理解我的意思。无论有没有离婚，女性化特征是需要您学习和思考的。在你们离婚之前，在您和您先生的沟通中，您是不是更强势的一方？

母亲：是的。

咨询师：您能不能把您现在的各种社会角色罗列一下？比如说您是妈妈也是女儿，把您现在所有的社会角色都列出来。

母亲：可以的。

咨询师提供了纸和笔，母亲写出了妈妈、女儿、同事、下级、朋友、姐姐、姨妈。

咨询师：我觉得您列的这些都很好，但是漏了一个重要的角色，您再看看，缺乏了什么。

母亲：我觉得就这些了，如果您觉得缺了妻子角色的话，我现在是离异，没有再婚。

咨询师：漏了一个角色，也是最重要的一个角色，那就是女人。我们每个人在成长过程中，一般在五岁的时候都会形成性别意识，作为女性，所有的社会角色都会带有女性化的性别特征，那么请问一下您能说几条女性化的性别特征吗？

母亲：温柔、体贴、关爱家庭、善良……

咨询师：您说得很好，我补充一下，比如说柔情、包容、理解、以柔克刚。从和您的交流过程中，我发现您和您先生的交流模式是以强克强、以刚克刚，针尖对麦芒。至于儿子的问题，您觉得应该怎么调整自我，特别是在您和儿子的互动模式当中，能不能改变一下那种强势的风格，把您母性的和女性化的特征表现出来？同时调整好您自己的工作、生活和情感状态，学会用柔软的方式、女性化的方式表达。

咨询师：在情绪急躁的时候，我现在给您的建议是，您表达的态度比内容更重要；您表达的方式比目的更重要。不要在情绪当中来表达自己的意见，在非要表达的情况下，要改变那种强势作风，直接说自己的感受。比如儿子不去上学，您的感受是什么，就说什么，不要要求他。

母亲：我懂了老师，他不去上学，我是不是直接说："你不去上学，我很难过、很着急。"

咨询师：很好，这样就没有指责，也没有责怪了。您的改变，儿子会感受到的，从而带动他发生某些改变。

母亲：老师，我大概理解了，我想让儿子来找您咨询。

咨询师：可以的，但是我们心理咨询有许多原则，其中很重要的一条原则是有诉求的原则，也就是不求不助。所以请您回去和儿子商量，只要他愿意来咨询，那么就没问题。

第二天晚上，咨询师突然接到这个母亲的电话，说她和儿子商量了，儿子愿意来咨询。

母亲：在他来咨询之前，我想告诉您一个情况，我发现我儿子谈恋爱了，而且谈了一个比他大很多岁的女人。

咨询师：好，知道了。

第二次咨询

母亲带着儿子一起来到咨询室，上初三的小男生看上去痞帅痞帅的，脸上有几分紧张和羞涩。

母亲：王老师，我是不是要回避？

咨询师：是的，但是现在需要您等一下，我要把咨询的有关原则和你们交代一下。

咨询师（问儿子）：你以前做过心理咨询吗？

儿子：没有。

咨询师：那么我先跟你们母子俩介绍一下心理咨询的原则。咨询最重要的原则是保密原则，我们在咨询的过程中可能会涉及某些深层次的想法和潜意识，也可能涉及某些隐私，我们有保密的义务。因此，在咨询过程当中，妈妈和儿子都不应该打听对方的交流过程和内容。我们在咨询的过程中会专门安排你们共同咨询的环节，在共同咨询中，你们可以当面提问，是否回答对方的提问，到时候由你们母子俩自己做决定。第二个原则是有诉求的原则，也就是不求不助的原则。

咨询师（又对孩子说）：你今天能来和老师交流，表示你愿意做某些改变。改变自我并不是一件容易的事，一个人如果不愿意做改变，那么无论别人说多少都很难让他做出改变，所以今天我们能在一起交流是一个好的开始。第三个原则是中止和转介原则，如果在交流过程中你想换其他老师，你可以提出来，或者老师觉得其他老师更适合与你咨询，也可能会建议并转介你给更适合的老师；如果在交流过程中你觉得不愿意交流，或者我们提前达到了预先设定的咨询目标，那么就可以即时中止咨询。

介绍结束后，咨询师请母亲到休息区等待。

咨询师：我们刚才介绍了一些咨询原则，你能不能介绍一下你自己的情况？

儿子：老师，我也不知道怎么回事，有时候特别烦，不想去学校，但是在家待几天又很想去学校，去到学校又觉得心里特别烦，学不进去。

咨询师：那你的成绩怎么样呢？

儿子：还可以啦，我的学习成绩还是可以的。

咨询师：那你太牛了，这样三天打鱼，两天晒网，三心二意，成绩还能做到可以。你要是认真学习，那成绩岂不是好得不得了！你能不能说一下为什么不愿意去学校呢？

儿子：我也说不清楚，我觉得我们班的那些同学傻傻的。

咨询师：你说的傻傻的是指所有同学吗？是男生还是女生？

儿子：是的，是所有同学。我觉得我们班的那些男生和女生只会学习和瞎胡闹，一点都不成熟。

咨询师：你是不是觉得你比他们要成熟懂事很多？

儿子：也不是啦，我就是和他们玩不在一起。

咨询师：你们现在初三学年，你们同学有谈恋爱的吗？

儿子：有的嘛，其实我很不想管别人的闲事，很讨厌别人胡乱议论他人。

咨询师：初中生互相议论好像是很正常的事，他们议论他们的嘛，这有什么好生气的。

儿子心中有什么事似的发呆，没有回应。

咨询师静静地等了几分钟，他隐约用惶恐紧张的眼神看了看咨询师。

儿子：老师，你说的保密原则对我妈有效吗？

咨询师：既然是原则，自然有效。

儿子：老师，我谈恋爱了。

咨询师：你不是说你们同学当中谈恋爱的大有人在嘛，你谈就谈了嘛。

儿子：不是，老师，我没有和同学谈，我谈了一个比我大很多的女生。

咨询师：哦，她不是你们学校的吗？

儿子：不是，她已经工作了，比我大7岁多。

咨询师：你很喜欢她吗？

儿子：我也说不清楚，反正经常会想到她，又怕被我妈知道。特别不想让我的同学知道，但我又离不开她。

咨询师：我认为这是一个问题。但是，不管怎么说，这不是你不去上学的理由。我们能不能讨论一个既不影响你上学，也暂时不影响你恋爱的方案？按你的表述，老师感觉到你不愿意让别人知道你谈了一个年龄比你大很多的女朋友，特别不愿意让你母亲知道。是这样吗？

儿子：是的，老师。因为我谈的这个社会上的女生，她对我的关心特别多，她也不想让我妈知道。我特怕被家里人知道，因为母亲爱面子，我特别担心万一被别人知道后告诉我妈，后果我都不敢想。我妈只希望我好好读书，如果她知道了，她会发疯的。

咨询师：我们可以不告诉你的家长和其他任何人，如果要告诉，除非是你自己愿意讲。老师认为，如果你的学习成绩下降只是因为恋爱的话，可能是有些偏颇，除了恋爱，你觉得还有其他原因吗？

儿子：没有了，老师，就是因为这个。

咨询师：那么你跟同学的关系好吗？

儿子：我不喜欢跟同学来往。

咨询师：为什么？

儿子：因为他们讨论的话题太幼稚了，我很不愿意与他们在一起。

咨询师：假设你的同学知道你谈了一个社会上的大姐姐，你会是什么感受？

儿子：老师，我不愿意让他们知道。

咨询师：那么你是担心什么呢？你会不会担心谈了一个比你大很多的女生会让你没面子？

儿子：我倒不觉得没面子，我只是觉得那些幼稚的人，不知道他们会怎么瞎议论。

咨询师：你学习成绩下降，不愿意去学校，不想与同学交往，是不是因为这个姐弟恋所致？也就是说，你刻意地回避与同学交往。

儿子：老师，我自从与她发生关系之后，我就特别不愿意与班上的同学交往。

咨询师：他们又不知道，为什么不愿意交往呢？除了你说的幼稚之外，还有什么原因呢？

小伙子沉默……过了几分钟。

儿子：也许是我一种心虚的感觉，喜欢独来独往，所以遇到困惑的时候，我干脆待在家里，不想让别人知道我的行踪。

咨询师：那你这样经常让你母亲以病假的方式请假，万一考不上高中，你有什么打算？

儿子：这个事我想得很少，那个大姐姐那么爱我，我能不能初中毕业后就跟她去打工？跟她在一起的时间就多一点了，也不必担心被人议论了。

咨询师：我能不能理解为你希望与那个姐姐保持恋爱关系，不想上高中？

儿子：是的。

咨询师：哦！在老师看来谈恋爱不一定非要放弃学业啊。你们同学中不是也有谈恋爱的吗？他们也没放弃学业啊。

儿子：有的。但我跟他们不一样，我是认真的。

咨询师：认真就不上学吗？

儿子：不是啦。

咨询师：我觉得你还是因为不知道该怎么处理这个恋爱关系，怕同学知道而逃避上学。还是一种面子观念作祟。

儿子没有马上回答，似乎在想什么。咨询师平和地看着孩子，静静地等待。

过了几分钟，儿子说：也许吧。我不愿意让同学知道我谈的姐姐大我那么多。

咨询师：我们可以做一个规划，你与大姐姐的恋爱关系暂时可以保持，但你的学习尤其是中考不能放弃,如果你不参加中考就直接去打工,你家里会同意吗?你自己考虑清楚了吗?能承受这个结果吗?在老师看来你并没有认真考虑过这些问题。

儿子:其实我也不知道,我犹豫、害怕……我还是想上学的。

咨询师:我们一起商量制定一个你中考前的近期规划,你觉得怎么样?

儿子:好的。

咨询师:我想了解一下,你谈恋爱每周占用的时间是多少?

儿子:我们上晚自习,她会来请我去吃夜宵,反正我住校,吃完再回学校。

咨询师:我们能不能把这个事情在中考前取消掉?你可以在睡前与她用微信交流十分钟,周末可以见一次面。不过,你平时怎么向母亲交代,我想了解。

儿子:一般就是说学校有事,在周六的下午,去她家见她。

咨询师:她是未婚吗?

儿子:是的。

咨询师:你希望和她有什么结果吗?

儿子:没有想过。但是我喜欢,真的很喜欢和她单独在一起。

咨询师:那你愿不愿意告知你母亲,你是去与这个姐姐约会?

儿子:我绝对不愿意。

咨询师:你愿不愿意与这个女人做一个阶段性的暂停,在中考前不去见她,这样做主要是为了集中精力备战中考。

儿子:嗯,我应该可以做到的,离中考只有三个月了。

咨询师:非常好,你们可以每天保持十分钟微信联系,我也不会限制那么死,实在忍不住周末也可以见一面。你的精力要主要放在学习上,同时做一件事——在班上交一到两个好朋友。你觉得这个有困难吗?

咨询师目的:让同龄人去影响他的认知和行为方式,特别是对情感和亲密关系方面的认知方式。

儿子：嗯，我尽量去做。

咨询师：现在我们需要说一下，最近三个月，你备战中考的时间安排。你自己有什么想法吗？

儿子：我的语文、英语还不错。

咨询师：那老师希望你这样去备战中考：尽量跟上学校的复习进度，如果数学和物理较差，你就去背公式，强行记忆以后去理解，就算你不会解题，把公式写上也行；把你的主要精力放在强项上，不要因为去补弱项而影响强项的发挥，这样你的成绩能保持一个好的状态。你的复习时间分配也要按这个来，先把强项复习完，再去做你不会的，做不完的就不做了，十二点以前必须睡觉！你觉得这些能做到吗？

儿子：有点困难，主要是习惯了熬到凌晨一两点钟。

咨询师：你熬夜是在复习呢？还是在想其他事情？

儿子（忐忑地盯着咨询师）：你怎么会那么厉害？读心术吗？我大部分时间是在和那个姐姐聊天或想她。

咨询师：我明白了，那我们之前商定的近期规划，请你明确告知你的女朋友，并告诉她是和心理老师一起制定的。老师希望她也配合。

  咨询师目的：尊重来访者的选择，不评价，以利于咨询关系的建立。

咨询师：你先做一周的规划，尽量实现你自己订的这个规划。根据你实施的情况我们再商议如何调整，本次咨询就先到这里。

第三次咨询

周末，母亲突然打电话给咨询师说："老师，我终于搞到了那个女人给我儿子的情书！我拍照发给您看。"还未等咨询师回应，她已经挂断电话，随即发来三张照片。还没等咨询师看，电话又打过来了，她说："王老师，您看，这个女人有多可恶，她就是这样勾引我儿子的。"

咨询师：我还没来得及看呢，要先给您一个重要的建议，以后您儿子的所有涉及自我隐私的相关内容，在未征得他同意的前提下，您都不要偷看，您知道为什么提这个建议吗？

母亲：老师，我知道这样做不好，但是我实在是忍不住。这个女人完全是在跟我争夺我的儿子，我儿子的学习能好吗？都怪她，就是她影响孩子学习的。

咨询师：您儿子一旦知道您偷看他隐私，尤其是情书的话，他会怎么想？同时，您自己也是自讨没趣，既解决不了问题，又让自己难受。

母亲：本来预约孩子明天来咨询，但学校不放假，我非常想与您明天面对面交流。

咨询师：可以的。

第二天母亲如约来到咨询室。

母亲：王老师，您看看那几封信，是不是那个女人一直在勾引我儿子的？

咨询师：您先坐下，喝点水，先别激动。我把青春期男孩的身心发展特点向您做个简单的介绍。（咨询师主动引导咨询方向，交流话题，促进有效沟通）

咨询师讲解了青春期孩子心理特点常识后，又重点强调父母与青春期孩子交流的重要性以及这个年龄段孩子的生理和心理的自我保护意识、安全意识与措施。

咨询师：下次我与他单独沟通时，也会把相关内容跟他交流。至于您说的情书问题，我觉得，站在道德层面或世俗层面，因为年龄差距大，您会觉得是她在勾引您儿子，甚至会有一种儿子被抢走的感觉。其实这是您产生了无法掌控自己儿子的一种危机感。从恋爱的角度来说，他们的交流内容并没有什么太多出格的地方，您作为母亲，您的焦虑我是能够深深体会到的，这种焦虑很正常。我们这几次交流，无论电话还是面谈，您都没提到孩子的父亲，我想了解一下孩子父亲的情况。

母亲：我和他爸在他初一年级的时候就离婚了，所以我把所有的希望和精力都放在孩子身上，希望他为我争口气。

咨询师：是这样，您和他爸爸在离婚前，家里谁做主多一些？谁说了算？

母亲：老师，我也反思过，他父亲就是因为觉得我太强势，让他受不了，才提离婚的。后来真正离婚的原因是他有了外遇。

咨询师：在我的工作中，遇到的离婚家庭比较多，但并不是所有离婚家庭都会对孩子产生不良影响，有的离婚家庭培养的孩子还是很优秀的。关键是父母的角色定位，即使是离婚了，该给孩子的关注和爱不变，那么对孩子的负面影响也可以降到很低。现在我们要讨论的问题是，您把对丈夫的强势控制方式用到了孩子身上，所以从孩子谈恋爱这件事您看到的是别的女性在勾引您儿子，但事实是您的儿子可以从其他女人那里得到一种在家里得不到温情与喘息。

母亲眼眶潮湿了，说道："不瞒您说，我儿子说最讨厌我的唠叨，说我像台电脑。"

咨询师：您需要去重新认识一下女性角色的特质，特别是女儿、母亲、妻子这三个角色的特质分别是什么，您总结出来，我们下次来交流，哪些是您需要完善的。今天以后您与儿子打交道的方式，首先要尝试把强势的态度放下来，学习女性的柔和表达方式。家庭关系中母亲适当地示弱，让他去承担某些责任，会让儿子更阳刚。

母亲：我努力试试。

咨询师：在交流沟通中，表达的态度比目的更重要，说话的方式比内容更重要。

母亲：我同事也说我讲话太硬，容易得罪人，我在工作中也得改变一下。

咨询师：您能意识到这一点很好，希望您不要再做窥探儿子隐私的任何举动，这可能会严重破坏你们之间的信任关系。

母亲：好，我会忍住的。

第四次咨询

三个月后，母亲给我打电话："谢谢您，王老师，我儿子顺利地考上了高中了，我自己也按照您的要求尝试学习各种女性的角色定位，学会了柔软地表达，我和儿子的关系也改善了很多。"

咨询师：这样就好，您能不断地完善自我，在我看来是很不容易的。

一年以后，我突然接到她儿子的电话，他强烈地要求见我，预约了周末面谈。

儿子：我现在对什么事情都打不起精神来，上课就想打瞌睡，晚上又睡不着。

咨询师：你自己找了一下原因没有？

儿子：找了，找不到。

咨询师：我能不能这么理解，你对学习与对同学的交往都缺乏激情，或者对生活缺乏激情。

儿子：太对了，老师，就是这种感觉，我不知道是什么原因，对什么事都提不起精神去做。

咨询师：恋爱也一样吗？我记得你曾经和一个大姐姐在谈恋爱的，那么现在还在谈吗？

儿子：谈着的，老师。只是现在没有那个时候那么有激情和感觉了。

咨询师：你有没有喜欢的其他女生？

儿子：倒是对其他女生有好感，但是没有发展到恋爱的程度。一直保持着和那个比我大很多的女生的恋爱关系。

咨询师：你当初喜欢这个大姐姐的原因是为了摆脱母亲的控制，现在恋爱激情期一过，就变得懈怠了。

儿子：好像是的，老师。

咨询师：这也是早恋带来的问题，早恋容易让人产生厌倦感，这种厌倦感在我们心理学中有一个词叫作泛化，以你来说就是不良情绪蔓延到了情感之外的生活和学习中去了。我们可以制定一个简单的行为规划来逐渐唤醒你的激情,首先是每天要定时起床,起床的时候不能赖床,不能给自己在床上赖几分钟的时间和空间,周一到周五的上课时间是固定的,周末的起床时间可以按照你的实际情况设定,到了起床时间,一定要立刻起来;然后设置一个起床后的提示语,比如说"我要保持青春的气息完成今天的生活学习规划"。你可以自己设计适合自己的提示语。你现在能够想到吗?

儿子:老师,我没想到。

咨询师:没想到就暂时用老师给你设置的提示语,等你想到了我们可以往后加,也可以改掉。

儿子:好的,老师。

咨询师:另外做一个简单的作息规划,每天不一样,也可以留白。规划了的事情,要用积极阳光的态度把它完成。睡觉的时间也要规划进去,睡前想一下你的规划完成得如何,是不是带着饱满的激情去完成的,如果没有,我们要加以完善。下次我们再见面的时候,你可以把你的计划带来我们交流一下。特别强调一下,我们规划的所有事情不强调好坏对错,只要求是带着饱满的激情去做,哪怕是玩。

儿子:懂了,老师!

第五次咨询

儿子带着他自己制定的规划来到咨询室说:老师,上周我按照你的要求去做,好像不是那么赖床了,这是我的规划。

看了他的规划,基本上是可以完成的。老师对他的规划进行了肯定,同时也指出,规划当中缺失了人际交往这一大块。于是和他共同讨论加上了参加学校的文学社团这一规划,让他积极地去参加学校和班级组织的各种活动。

注:独处行为包括积极独处和消极独处,咨询师鼓励来访者进入社交团体,避免咨询当中表现出来的消极独处方式。

儿子突然提出：老师，我不想谈恋爱了。

咨询师：你是不想谈恋爱，还是不想和那个姐姐谈恋爱？

儿子：我不想和那个姐姐谈恋爱了，但是我不知道怎么办？

咨询师：你可以直截了当地向她表达。

儿子：我不敢，我怕她发疯。

咨询师：那你觉得什么方式比较合适？

儿子：我也不知道啊！

咨询师：你可以用比较婉转的方式对她表达，比如说你要全力准备高考，为你们的美好未来奋斗，所以你们的来往要减少或者暂时搁置，这样行吗？

儿子：不管行不行，我觉得可以先说了试试。老师您太厉害了，我觉得她除了我之外，还在和其他男生谈恋爱，也在疏远我。

咨询师：这不是两全其美了吗？

高考后，母亲打电话给我，非常激动地告知我她儿子考取了某高校的外语专业，同时也对我表达了感激之情。

咨询师小结

1. 本案例由于母亲的强势控制，把儿子推向早恋的状态；儿子为了摆脱母亲的控制和唠叨而和社会上比他大的女性恋爱，寻求关爱和呵护。

2. 由于早恋，引起了孩子对情感的厌倦和懈怠，因而泛化到了学习和生活中，产生了对生活和学习的消极情绪。

3. 本案例由于恋爱对象是社会上的女生，产生了道德感与现实的冲突，因而影响到他与同学朋友间的社会交往。

4. 咨询师分别通过对母亲和儿子的咨询，用行为方式带动认知，让他们调整人际关系，认识自我，而达到自我完善和自我成长。

咨询师在整个咨询过程中都没有对儿子和母亲行为的好坏对错进行道德评判，建立了良好的咨询关系，得到了母子的充分信任，因而使咨询关系维系了数年，也取得了良好的咨询效果。

咨客反馈

儿子：我之前一直讨厌我妈的唠叨，什么也不想跟她说，但有时又想找人说说自己的烦恼，所以比较喜欢和你说。你人非常好，有耐心，还特别懂我的心理。你不会评价我做得对不对，也没有告诉我什么能做什么不能做，而是引导我自己做规划，在执行规划中认识到自己的不足，然后去改变。通过你的咨询，我学到了很多，在后来碰到问题时，我独立解决问题的能力有了很大的提高。

 情感成长迟滞——一个女硕士放弃读研

> 心理学是理解一个人对"身"所传递出来的情感的态度。如果一个人的"身"对环境的适应能力很差，或者很难实现周围环境对它提出的要求，那么，他的"心"就会感受到这种不适应性，"身"就成了"心"的负担。如果"心"的负担过重，就会导致他变得以自我为中心，没有时间，也没有精力去关注自己在他人生活中的作用，从而渐渐发展出一种对社会感情的淡漠和合作能力的缺乏。
>
> ——阿尔弗雷德·阿德勒

第一次咨询

来访者小兰，25岁，硕士即将毕业，与父母以及小姨、小姨父一起来到咨询室。他们了解到我是情感问题的专家，前来求助。

到了咨询室，爸爸几乎不说话，妈妈抢着说话。

妈妈：王老师，听说您是教育和情感方面的专家，我们遇到一个女儿和我们发生冲突的问题无法解决，来请教您。

咨询师：请详细说一下什么冲突？

妈妈：她很快要硕士毕业了，现在放假在家，我们建议她不要考博，她坚持要考。这年头，女博士那么多嫁不掉的，她现在都还没谈恋爱，要找到一个合适的男生很困难。如果她再读博士，那么更难找了。而且，我和她爸都是工人，把她供到硕士学历就觉得很高了，我们已经很满意了。希望她硕士毕业后快点工作，可以自给自足，减轻家庭的经济压力。

咨询师：哦！我能不能理解成，她从读硕士到现在给你们的经济压力很大？

妈妈：也不全是啦。只是在找对象方面，我们给她介绍了好几个男友，都不成。不是别人看不上她，就是她嫌弃别人学历太低。我和她爸坚决不同意她继续考博士。

咨询师看着父亲，问道：您也是这个意见吗？

父亲：是的。一个女孩读那么多书，这么大了还不考虑结婚生子，有什么意思！

咨询师：那么小姨、小姨父是什么意见呢？是什么原因也一起来了呢？

妈妈：女儿从小与小姨的关系比较好，愿意听小姨的，我们让小姨做她的思想工作，但是小姨也不知道该怎么说她，使不上劲，所以也想来听听老师的建议。

咨询师：类似的情况，我们会尊重当事人的意愿。在咨询中最终做决定的都是当事人本人，咨询师不会给某种具体的建议，我们先来听听女儿怎么说，好吗？

咨询师邀请女儿说说自己的观点。

小兰：老师，我从读书到现在，一直很顺利，都是按爸妈的安排和意志在好好学习，是很乖的一个女生。现在马上要毕业了，我觉得我可以考上博士的，想继续读博。他们就是不同意，非要让我工作。最主要的是我这次假期回来，他们急着给我介绍对象，我好像还没做好恋爱的准备，他们介绍的又不合适，弄得我很烦。

咨询师：除了父母给你介绍的对象，你在学校从本科到硕士期间谈过恋爱吗？

小兰：我倒是想谈的，我也喜欢过一个男生，因为我是在省外读书，从小父母管得都很严格，我主动告知父母我喜欢一个男生，被我爸骂得狗血淋头，不准我谈恋爱。说一定要回到家乡来找，最后我怕他们不高兴就放弃了，无疾而终了。搞得我之后也不敢谈恋爱了。等我考取硕士以后，他们又催我恋爱。现在直接催我找工作、结婚，而且要在他们身边才行。我现在也无法说服他们，但我还是觉得自己最适合继续读书。

咨询师：那你觉得父母的担心有没有道理？

小兰：就算我读博找不到合适的对象，大不了单身嘛，在这个时代无所谓的。他们有什么好担心的。

咨询师：我大概了解了。先跟你们说一下咨询的相关原则，第一也是最重要的心理咨询的原则，是保密原则。现在女儿已经是成年人了，所以在咨询中如果有哪些内容需要相互告知，你们自己做决定，最好能当面表达。咨询师不会以传话筒的方式存在，请父母与女儿不要互相打听各自是如何与咨询师交流的。

大家一致表示同意，但母亲插话说：王老师，您看吧，她就是不考虑我们的感受，只顾自己，我们辛辛苦苦把她养大，她就不听我们的了。

咨询师：请您先别着急，在我看来，小兰不仅仅是一个考不考博士的问题，而是一个系统的问题。是否考博这个决定还是得由她自己来做决定，当然她应该会征求你们的意见作为参考。我接着介绍其他原则，然后再讨论可以吗？

妈妈：好的。

咨询师：咨询的另一个重要的原则是"不求不助"，你们一家人能够主动来到咨询室求助，说明你们家庭的意识很好，与社会发展节奏是协调的。目前很多家庭，一听到心理咨询就会想偏，产生误解，会联想到精神上或者神经性的问题。

　　还有一个原则叫"转介与终止原则"，在我们的咨询过程中，如果你们觉得有不合适或不能接受的情况都可以提出来，我们可以转介给其他更合适的心理老师，或者终止咨询。因为在咨询中，不同的老师会在不同的方向上更具有专长，比如说有的擅长于少年儿童的咨询，有的擅长情感婚姻类的咨询。也有咨客对咨询师的性别很在意，如果需要女性的咨询师也可以提出来，我们可以提供转介资源。

　　小姨：王老师，我们就是打听到您是婚姻家庭方面的专家，才来找您的。我们不需要转介了。

　　咨询师：好的。还有一个原则是"避免双重关系"，咨询师与来访者只能有咨询的工作关系。最后再告诉大家心理咨询的"收费原则"。心理咨询是收费的。了解以上原则后，先请大家一起交流一下，之后我会和父母、女儿分别沟通。

　　站在各自不同的立场上看，爸妈提出的要求是合理的，女儿的需要在我看来也是合理的。在大家都觉得是合理的情况下，你们觉得应该怎么办？

　　妈妈：现在社会上那么多女博士嫁不掉是众所周知的，而且作为一个女孩读那么多书又不想恋爱成家有什么意思？

　　咨询师：您认为那些嫁不掉的女博士们，嫁不掉的主要原因就是读书多、学历高吗？请你们作为家长的包括小姨都思考一下。现在请你们到隔壁休息室休息，并认真思考一下这个问题，我先和女儿交流，好吗？

　　家长们出去后，我对小兰说：现在我们单独交流一下吧。

　　小兰：老师，您也看到了，他们的思想有问题，非要把自己的想法强加给我，谈恋爱嫁人这种事，是能强求的吗？我太痛苦了……

　　咨询师：你这一次回来，爸妈给你介绍对象，谈不成的原因是什么？愿意说说吗？

　　小兰：他们介绍的人素质太低了，我根本看不上。

咨询师：那么你认为什么样的人的素质是可以的呢？

小兰想了一下，说道：其实我也不知道，反正只要跟男生在一起我就感到紧张，再加上是他们介绍的，我就反感！

咨询师：非常好，你妈妈说的社会上女博士嫁不掉的现象，你是怎么看呢？是如同他们说的是学历问题吗？

小兰：这个问题其实我也想过，我觉得大多数中国男人都不喜欢学历高的女性，是因为他们有某种大男子主义吧。

咨询师：这个观点我能理解。你还有其他看法吗？

小兰：一下子想不到了。

咨询师：如果你读了博士，你想不想谈恋爱、需不需要结婚成家呢？

小兰：想啊。

咨询师：那你打算怎么谈呢？是要别人介绍还是自己找？

小兰：老师这个我真不知道啊。

咨询师：好，现在我们一起来想想问题出在哪里？是学历问题吗？你一定要找一个同等学历的吗？

小兰：好像我感觉到您要表达什么意思了。

咨询师：我们除了读书之外，不能忽略正常的人际交往和沟通，不能只会死读书。所以除了学习你的专业知识，人际交往也是需要学习的。心理学中有个说法，所有的心理问题都会从三个方面表现出来，第一个是婚姻家庭，第二是工作职业，还有一个是人际交往。对你来说，你在学习方面很厉害，在人际沟通上似乎就不太擅长了。

小兰：老师，您说得太对了，我坚持想读博的原因，就是害怕做自己不擅长的事，特别是谈恋爱和找工作。我尝试过求职，一到面试环节我就超级紧张，发挥失常，就失败了。

咨询师：只要我们在这方面达成共识，后面的问题就简单了。对于你来说不是考不考博的问题，而是你需要提高人际交往、适应社会的能力。哪怕你是一个博士，你也需要拥有这些能力。同时还有一个重要的作业给你，无论你学历高低,都要开始学习做一个女人。你回去研究一下你的女性化特质都有哪些?并写下来,下次带来,我们要交流。这个假期,你的任务是主动约之前的同学一起活动、聚会;尝试找工作,关键是参加面试一到两次,成不成功不重要,目的是要去到现场练习你的应对能力和胆量。

注:咨询师此处用系统脱敏疗法的视角,鼓励其去现场尝试,不成功对来访的脱敏效果更好,更容易提升对紧张、焦虑的耐受力。

咨询师:最后,如何与你的爸妈说,你知道了吗?

小兰(皱眉):不知道啊。

咨询师:你可以试着总结一下刚才我们谈话中你印象最深刻的一个点。

小兰:那我想告诉他们,无论读不读书,我都要从一个学生变成一个女性了。该恋爱就去恋爱了。

咨询师:那么与爸妈沟通的工作就靠你自己完成了,老师相信你有这个能力。我们下周见。

之后,我又请家长们到咨询室进行交流,向他们解释道:小兰与你们的冲突,表面上看是学历高引起的,其实,深层的原因是她缺乏独立面对生活、应对情感的能力。这是她的成长过程中的缺失,与你们做父母的教育有关系。你们需要做的是尊重她的选择与决定,让她独立地面对生活并得到成长。她是一个优秀的孩子,应该相信她。另外,小兰也表示回家后将会与你们认真交流,一起寻找解决的方案。

家长们表示有所触动,回去后会认真思考,尽量配合小兰。

第二次咨询

第二周,小兰如约来到了咨询室。

咨询师:小兰,你的作业完成得如何了?

小兰：我去参加了高中同学的聚会，求职的事嘛，最近去了一个招聘会，适合我的岗位好像没有，我还是努力地去谈了两家，没谈拢。

咨询师：谈的过程怎么样？你交流的时候还会紧张吗？

小兰：招聘会上的交流好像好了很多。因为人很多，大家都是在寻找岗位的样子，所以没有很紧张的感觉。

咨询师：非常好！看来，找工作没有你想象的那么痛苦了。那你对于未来怎么规划呢？

小兰：老师，通过咨询和去招聘会，我已经想好了，该投简历我还是会投的，同时准备考博的事。如果没有找到合适的工作，我就考博。两条腿走路。

咨询师：很好，这个想法你和父母沟通了吗？

小兰：沟通了，无论是找工作还是读博，都不耽误恋爱，这个已经和他们说清楚了。

咨询师：那你父母什么反应呢？

小兰：只要我同意恋爱，他们好像就没那么着急了，何况现在大学生都可以结婚，所以读博和婚恋并不冲突。

咨询师：那今天我们来探讨一下上次的另一个作业，关于女性化特征的事，你已经是女硕士了，无论读博与否，你现在身上的女性化特质都有些什么？

小兰：你让我做的我都想了一下。我除了读书，不知道怎么穿衣打扮、化妆美发，其他方面还有什么特质么，想不出来。

咨询师：在你的认知里，除了外貌特征，还有其他吗？我记得上周要求你写出来的啊！

小兰：是不是温柔、体贴、善解人意、贤惠、娇媚这类的？老师，我没写。

咨询师：那假如要谈恋爱，男性的哪些点是特别吸引你的？

小兰：那肯定要帅嘛，还要有修养，有责任心，有担当。最好是要有钱。

咨询师：很好！现在我们再反过来想想，具备这些特质的男性，会被什么样的女性吸引呢？

小兰：这个……一下子我想不到。

咨询师：除了学历之外，你认为自己还有哪些女性化特质能够吸引到你喜欢的异性？比如人们常说的"入得厅堂下得厨房"这类的。

小兰：做饭我没问题，而且我挺喜欢做饭的。在外读书生活能力还是不错的，怎么让自己更有魅力一些，我确实不知道该怎么做。

咨询师：我们也不用太刻板和极致，在你总结的那么多女性化特质里，我认为目前最重要的是学会柔软下来，亦即所谓的柔情似水、以柔克刚。你的父母我都见过，他们的互动模式你能总结一下吗？

小兰：基本上是那种以理服人、以强制强、得理不饶人的那种。

咨询师：人都是有情感的，可能角色定位和情感沟通是你目前所缺乏的，建议你可以学习一些正念冥想、瑜伽或自我放松，让自己身心都柔软下来。

小兰：老师，我正想学瑜伽呢。我一定会去做的。

咨询师：你以后无论工作还是读书，都要把学习做一个有女性化特质的女人作为一个目标。

小兰：老师，我明白了，现在社会上议论的学历越高越难找对象这个现象，学历高只是一方面的因素，最重要的还是她们没有把女性化角色做到位，学历不应该是影响正常恋爱、结婚、生子的因素。

咨询师：是的，另一方面，传统观念也是很重要的原因，很多男性不是不喜欢女性的高学历，而是男性自己的一种<u>自卑情结</u>作怪。

自卑情结：自卑情结是由阿德勒提出的，是个体心理学的重要概念，是指当一个人面对一个他无法适当对付的问题时，他表示绝对无法解决这个问题，这时出现的就是自卑情结。由这个定义，我们可以看出：愤怒和眼泪以及道歉一样，都可能是自卑情结的表现。由于自卑感总是造成紧张，所以争取优越感的补偿动作必然会同时出现，但是其目的却不在于解决问题。

咨询师：不管什么原因都不影响你是一个读书厉害的女人。同时，也要保持女性化的各种优秀品质。女博士、女硕士也可以是美丽的、柔情的、可人的、懂情感的、温婉的……女人。

一年后，小兰的小姨登门拜访。分享了小兰练瑜伽的照片。咨询师看到照片中的女孩柔美、健康、阳光。

咨询师小结

1. 本案例表面上是父母与孩子关于学业问题产生的分歧，实则为小兰在成长过程中一直按父母意志做选择，而缺乏人际交往、沟通交流的能力。在大学期间有一次短暂的情感经历，被父母强行扼杀，导致与异性交往沟通的能力极差，加之标签化认知"高学历容易单身"，使得父母婚恋焦虑加重。

2. 通过本案例可以看到，"高学历女性"是来访者的焦虑的标签，咨询师引导来访者做出认知上的调整，去除以偏概全的认知模式，巩固自信。

3. 来访者由于在青春期就缺乏与异性相处沟通的经验，导致在之后的成长中，只以学习为主，忽略了其他方面的成长，且用不断学习考试的方式来回避社会化过程。

4. 通过咨询，使得来访者加深了对女性角色的认同，内化了自己的女性化特质，咨询师通过内部动力的调整，化解了父母与子女对职业、学习、恋爱产生的冲突。

> 所谓母亲的技巧，我们指的是她和孩子合作的能力，以及她使孩子和她合作的能力，这种能力是无法用教条来传授的。每当产生新的环境，其中就有千万点都需要她应用她对孩子的领悟和了解。她只有真正对孩子有兴趣，而且一心一意要赢取他的情感并保护孩子的利益时，才会有这种技巧。
>
> 父亲的任务可以用几句话来总结一下。他必须证明他自己对妻

子、对子女以及对社会都是一个必不可少的栋梁：他必须以良好的方式应付生活的职业、友谊和爱情这三个问题，必须以平等的立场和妻子合作，以照顾并保护他们的家庭。他不可忘记，妇女在家庭生活中所占的创造性地位是不容否定的。他的责任不是压抑妻子，而是和她一起工作……在家庭中不应有统治者，每一个能形成不平等的因素都应该被设法避免掉。

父亲对孩子的影响非常大。许多儿童在一生中都把他们的父亲当作偶像崇拜或者视之为最大的仇敌。不能以友善的方式进行的教育便是错误的教育。

如果在家庭中没有权威存在，那么其中必定会有真正的合作。父亲和母亲必须合力协商有关他们孩子教育的每件事情。

——摘录自阿德勒《灵魂与情感》

咨客反馈

小兰：谢谢王老师，他帮我找到了我与父母之间问题的疾症，也让我意识到了自己存在的问题。通过王老师的帮助，我的情况有了完全的改变，我自己的生活不再像原来那样封闭，改善了与父母的关系，按计划读了博士，我想我也成了一个有自信的女人。

第四章　不同步的身心灵
——性教育缺失

性，贯穿在我们整个的生命历程中，从出生、成长，再到死亡。弗洛伊德最早谈精神分析的时候，就在谈两个部分——性与死亡。不仅仅在心理学中，在其他领域中这也是很重要的两个议题。性本身就是生命教育的一部分。科学谈性，温和谈爱，性教育是对我们自己与孩子的人格教育。

我们在谈性的时候，并不是单纯指通常所说的性爱，这里有性的5个维度。

1. 性别：性的前提是性别，不管是同性还是异性，首先有一个性别的区分。

2. 亲密：在爱情中我们可能会和一个人发生性关系，说动听一点是和另一个人做爱，性本身也包括亲密。

3. 隐私：我们如何和孩子强调我们身体的界限，身体有些地方是私密的，这是隐私的部分。

4. 健康：性方面的卫生如何做？这本身也需要教给孩子，不过不同年龄的孩子我们传达的深度不一样。

5. 生命性：性本身就是在对抗死本能，性本身就是一种生本能，性是一种生的象征。

本章节中主要涉及的是青春期性教育的内容，包括性生理教育、性心理教育、性道德教育、性安全教育、性审美教育等。

性生理教育主要是关于性与生育的生物学知识，如两性的身体构造、生殖系统功能特点、生育的机理和过程等。通过教育，使学生了解人类身体的基本结构，正确看待性生理现象，认识两性生理差异及变化规律，适时、顺利接受自己性生理发育逐渐成熟的事实。

性心理教育包括两性发育心理、性别角色、爱情心理等。使学生了解人的性心理发生发展的一般规律，了解青春期的心理躁动与不安，并引导学生以坦然、健康的心理来面对，努力按照社会要求来规范自己的生活。同时克服性神秘感、恐惧感、自责感、罪错感，达到促进性心理健康发展的目的。

性道德教育包括两性间的基本行为规范、男女社会交往方面的礼仪、对异性的态度；如何正确处理与异性的关系和朦胧的两性情感；如何培养和树立正确的爱情观等。让学生掌握维系和调整两性关系的道德规范和行为准则，怎样保持良好的两性交往形式，了解什么是真正的爱情，树立正确的恋爱观等，提高对两性关系的社会责任感和义务感，增强性的控制能力和抵抗诱惑的能力，避免性道德偏失。

性安全教育指使学生懂得在性问题上的自我保护知识，如防止生殖器官的外伤及一般外伤的处理、基本避孕方法、怎样克制性冲动避免过早"偷食禁果"；怎样避免性骚扰、在与异性相处时怎样避免性侵害，一旦遇到这些情况怎样自救；了解常见性病及艾滋病的预防知识等，这对提高他们在性方面的自我保护能力具有积极意义。

性审美教育是指在性问题上能够分辨美丑，能够按照美的要求把握自己的日常行为，懂得让性欲望得到升华的具体方式方法，避免沉湎于肉欲、追求轻浮的性快乐和性享受，杜绝唯"性"主义，远离色情，脱离庸俗，培养美好的情操。

本章节的案例中，呈现了如何帮助在家庭教育中不知道如何对孩子进行性教育的家长们，同时也帮助孩子重新树立正确的性教育概念，解开由于性教育缺失带来的困惑，从而促进孩子人格的成长和完善。

阿德勒在《灵魂与情感》中说:"阻止青春期的孩子出现这些问题的最好方法之一就是培养友谊,孩子之间应该成为好朋友或好伙伴。孩子也应该和家庭成员和家庭之外的人成为朋友。家庭成员之间应该相互信任,孩子也应该信任父母和教师。而实际上,在青春期,只有那些一直是孩子的朋友和同情他们的父母和教师,才能继续引导他们。除此之外的父母或教师若是想指导他们,会立即被青春期的孩子拒之门外。孩子根本不会信任他们,还会把他们视为外人,甚至敌人。"

 长大的痛苦
——初中男生青春期冲动导致学习成绩下降

> 弗洛伊德认为,在恋母或者恋父情结中的孩子,对父母中的异性方产生了性的迷恋,并且嫉妒父母中的同性方。这一时期的矛盾冲突给孩子带来大量的焦虑,随着时间的流逝,这种焦虑会像它产生时那样自然消退。孩子们不是试图拥有父母中的异性方,并冒失去父母中同性方的风险,而是选择认同父母中的同性方,吸取父母中同性方的性取向、习性和价值观。

第一次咨询

一位母亲,她是大学教授,因为儿子的问题来到心理咨询室,寻求我的帮助。

母亲:老师,我有个困惑,我不知道该怎么做了,也不知道怎么跟您说。

咨询师:我们心理咨询最重要的一个原则叫作保密原则,在心理咨询中可能会涉及内心深处的自我,也可能会涉及某些隐私,我们除了面对面地交流之外,不会在其他任何地方谈论到我们的交流内容。您有什么问题,可以和我交流,我会尽到保密的义务。

第四章 不同步的身心灵——性教育缺失

她停了几分钟，说：我儿子经常在家睡觉不关门。

咨询师：嗯。（静静地等着对方表达）

母亲：而且我发现儿子裸睡，很困惑，不知道该跟他怎么讲，我有时候会默默地把门关上，但是过一两天，他又会开着门裸睡。老师，您说这正常吗？

咨询师：您儿子多大？

母亲：初三年级。

咨询师：在我看来，这属于正常的情况，我想问一下，您和孩子的爸爸关系怎么样？

母亲：我和他爹关系很好，情感也很好，我们家属于很幸福的家庭。

咨询师：孩子从小到现在的成长过程中，你们两口子有没有什么亲密的行为被儿子知道了？比如，接吻、拥抱等。

母亲：我们还是很注意的，应该没有。

咨询师：您儿子独立睡觉是几岁，您还记得吗？

母亲：哦，好像是小学三四年级的时候他才独立睡觉。

咨询师：那么，他之前是和你们一块睡吗？

母亲：不是，他在我们的房间有一个单独的小床，他单独睡。

咨询师：如果是这样的话，那可能您的儿子独立分房间睡的时间稍微晚了点。在我们心理学上来说，一般小孩在五岁左右就应该独立睡自己的房间，因为五岁左右的孩子已开始逐渐清楚男孩和女孩的不同，此时，父母有必要给孩子空间，让他们独立成长，有性别意识和形成健全的独立性格。您儿子在十岁左右才独立睡觉，偏晚了一些，这可能会造成对母亲的某种依赖或恋母情结，更严重的情况可能会造成弑父恋母情结。因为小男孩看到爸爸妈妈睡在一起，而不是自己和妈妈睡在一起，会觉得爸爸和他在争妈妈，他会觉得受到另一个男人（爸爸）的威胁。到青春期以后有了性冲动和性幻想，有可能把母亲作为性幻想的对象。

母亲：哦，老师，我们家儿子老是裸睡，我隐隐约约感觉到是要引起我的关注，我该怎么办呢？

咨询师：您刚才说，他开门裸睡的时候您去把他的门关上，在这样的情况下，他反而会越做越频繁。我的建议是，您的任何行为都不要让他觉得您关注到他裸着或为此而紧张。

母亲：老师，那是不是我应该装作不知道？

咨询师：可以这么理解。以后您再看到这种行为，不要有任何行动，不理他可能暂时是一个比较好的方式。如果要去关门的话，也要避免让他觉得受伤。他会觉得已经引起了您的关注，如果处理不好呢，有可能伤害到他。如果有可能的话，建议您征求您儿子的意见，让他做专业的心理咨询。

母亲：老师，这个我也想过，我是怕伤害他的面子，不敢提。

咨询师：那么应该让他爸爸找机会跟孩子做一下交流沟通，让孩子学会心理的和身体的自我保护，包括青春期性健康的一些常识。

母亲：老师，他爹根本不可能和他交流，我们家很传统，他爹也不愿意在这方面和儿子交流，我和他爹谈过。

咨询师：如果现在什么都做不了的话，先减少您对他的关注，一般男孩在青春期会发展出一种自己的应对方式，他会从其他渠道，比如同学、网络学到某些有关男女之间的知识。建议你们作为家长，过一段时间后，还是要给他一些青春期知识的沟通或辅导。

第二次咨询

两周后，母亲又来到咨询室，对我说："我按照老师说的方法，不再关注他，要关门都是让他爹关，他发现他爹老是帮他关门以后，这几天不再主动把门打开了，但是我又担心他一个人关着门会不会出什么问题。"

咨询师：您觉得会出什么问题呢？

母亲：我也说不清，有时给他换床单的时候，发现他的被子上会有一块一块的脏东西。

咨询师：初三的男生进入青春期以后产生遗精或者手淫的现象是正常的，

您作为家长可以不用过分地担心，还是建议您或他爹跟他沟通一下，能和我们心理老师做一下这方面的交流沟通更好。

母亲：他爹和他说了，他表示不愿意，而且他从小都和我交流得比较多，不愿意和他爹说话。

咨询师：哦，明白了，那么我们来制定一个和儿子沟通的方案，由您来和儿子沟通。首先您要和儿子做一个作息时间规划表，最好每天有3~5公里的跑步或快走时间，另外一个很重要的是睡觉醒来以后，让他第一时间要起床，而不要恋床。同时要鼓励您的儿子多参加社会活动，任何班级活动、学校活动和社会活动，能参加的都要参加，让他把注意力集中到同学和社会活动当中。

至于您呢，希望您要把您的所有女性的社会角色列出来，首先要学会用柔软的方式跟老公和儿子交流。作为母亲，不仅仅要要求孩子学习成绩好，还要注重学习、生活、人际交往等全方位的沟通，如果儿子对您的交流还是不接受的话，要多做少说。

如果他和同学建立了良好的人际关系，他关注到了其他异性，他的恋母情结就会有所降低或转移。

母亲：我知道了。我过去只强调学习，不让他交朋友，不让他与女生来往。怕他交到不良朋友，现在看来，这种做法还是有问题的。

咨询师：是的，在我们的成长过程中，挫败感是很重要的，可以说人是在挫败感中成长的，包括社会交往和情感的成长。

第三次咨询

中考前，母亲电话咨询说：按照老师的要求制订的方案非常有效，我主动调整，降低了对孩子的各种苛求，特别是对学习的苛求。孩子的表现呢，能够全力地应对中考，非常感谢老师的帮助。孩子提出来要去住校，这是我和他爸没想到的意外之喜，我们曾经考虑过让他住校，因担心他会拒绝，所以一直没提，没想到孩子会主动提出来要住校。老师，这是不是孩子已经度

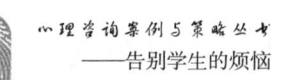

过了恋母冲动的过程?

咨询师:应该是的。

母亲表示非常感谢心理老师的帮助。

第四次咨询

过了一段时间,母亲打电话向我咨询:儿子说他喜欢上班上的一个女生,上课、吃饭、睡觉,满脑子都是这个女生,想买一个礼物送给她。王老师,您觉得我要不要干预?

咨询师:征求一下孩子的意见,问他是否愿意找机会跟我交流一下。一个是自我生理心理的保护,一个是对对方的尊重,无论多么的痴迷,爱情都需要男女双方的相互吸引,如果只是单方面的喜欢,您儿子可能会受伤。您可以建议他把自己的情感记录下来,做好各方面的心理准备,再决定自己该怎么做。如果买了礼物送那个女生被拒绝了,他是不是会觉得很受伤。如果买的礼物很贵,或者不是对方喜欢的,会不会伤害到对方,对方会不会觉得你看不起她。

过了两天,母亲打电话说孩子提出来要和心理老师交流。

周末,母亲带孩子来到了咨询室。

孩子诉说了他目前的困惑,特别想买某品牌的衣服给喜欢的女生,他觉得这个女生的家庭条件不是很好,自己这样做将会博得这个女生的青睐。

咨询师:假设你送礼物给她被拒绝,你会是什么感受?

小杰想了一会儿说:拒绝就拒绝了呗,我不觉得有什么大不了的。

咨询师:你不会很痛苦吗?你不是日思夜想着她吗?

小杰:那我正好可以不用再想她了。

咨询师:万一你伤害到她呢?

小杰:怎么会呢?

咨询师:你是觉得她家庭条件差,所以要买大品牌的衣服送给她,她会不会觉得你看不起她,或者有某种显摆的意思。这不就有可能伤害到她了吗?

小杰:哦!我懂了老师。

咨询师:我们很多情况下会按自己的想象去送别人礼物或给予别人帮助,不去考虑别人的真实需要。另外,就算是她需要的礼物,但是,她是不是就会收下呢?万一她不喜欢送礼物的人而拒绝了呢?

小杰:那我该怎么做呢?

咨询师:你觉得你对这个女生的好感是一种什么情感?青春期对女同学有好感是正常的,只是你不知道别人是不是对你也有好感,所以想通过送礼物的方式引起她的关注。

你想一想,除了送礼物,还有其他方式可以建立起你们沟通的桥梁或友谊吗?

小杰:她是语文课代表,喜欢朗诵。我也要学朗诵。

咨询师:非常好,你这是真动脑筋了。你可以送她一个手工,一张明信片,一首诗歌或散文,先建立起同学间的友谊。

小杰:老师,我知道了,受您的启发,我一下觉得可以做的有很多。

咨询师:说说看。

小杰:我要参加我们年级的诗歌朗诵会,这样就可以经常见到她了。

咨询师:不错。在老师看来,你应该发挥你的特长,先把你自己的事情做好。比如,学会有担当,有责任心,把功课学好,学会理解别人等,那自然会很有吸引力。你有了吸引力可能比送礼物更重要。

小杰:我要是会写诗就好了。

咨询师:你完全可以读一点诗歌,古诗、现代诗都行。然后,尝试着自己写,写给自己看。说不定哪天你真成个诗人了呢。

小杰:老师,谢谢您。我好像有了方向,以后我要读文科,我想学文学创作。

咨询师:无论学什么,只要你感兴趣,在老师看来都可以。现在你的任务是全力以赴准备中考。

小杰:好的,老师。

咨询师小结

1. 本案例男生有某种恋母倾向和青春期冲动。通过咨询，家长以平常心冷静处理孩子的各种状况，避免伤害到孩子的自尊。

2. 成功地将该男生的注意力转移到其他方面，特别是学习方面。

3. 青春期孩子的生理心理保护和知识普及需要加强，对心理工作者来说也是一个重要的课题。现实是，大多数情况下让孩子们自己去摸索探索。

咨客反馈

母亲：王老师非常专业，理论知识深厚，咨询方式得体，咨询过程让人很舒服。他准确地看到我孩子异常行为的深层原因，并引导我们父母改变，以促动孩子的改变。谢谢王老师帮助我孩子顺利度过特殊的生理成长时期，让我们的家庭关系恢复了正常。

 长不大的乖乖女

——外语学院大一女生入学半年要求退学

> 最能表现一个人心理的是他的记忆。记忆就是不断地提醒他自身的局限性和环境的意义，而早期记忆有着特别重要的意义，它表明了他的生活方式的本源和最简单的表现形式。我们可以据此判断这个孩子是被宠坏的，还是被忽略的；他在多大程度上接受过与他人合作的训练，他倾向于与什么样的人合作；他遇到了什么问题，又是如何努力解决的……
>
> ——阿尔弗雷德·阿德勒

案例介绍

一对夫妻来咨询室求助。来访者中丈夫的职业为武警，妻子的职业是老国企的会计，这个国企的效益随市场的变化变得越来越差。夫妻两人从小就认识，门当户对，婚后很快有了女儿。妻子在企业改革的起伏中被冲击很大，经历过半下岗状态，备受打击，而丈夫在体制内工作谨小慎微。所以，夫妇俩把诸多希望都寄托在孩子身上，非常保护和宠爱孩子。

女儿小沈青春期后学习成绩下降，勉强考上了外省某外国语学院，可是到校不到三个月，女儿就开始经常跟父母打电话，哭诉不想在这个学校上学，不想读书了，要求退学。父母在电话中做了很多工作，女儿还是表示不适应学校的集体生活，反复坚持要退学。父母非常着急，不知如何是好，于是来咨询求助。

第一次咨询

父母同时来到咨询室，给咨询师的印象是，母亲是家庭中处于强势的一方，父亲每说一句话都要看妻子脸色。

父亲：我们的女儿今年上了大学，现在开学才三个月就要求退学。经常在通话当中又哭又闹，搞得没办法，我只好请假一周去学校陪她。

咨询师：您去到她的学校了解到她想退学的原因是什么呢？

父亲：她说和班上特别是同寝室的同学关系不好，觉得别人故意孤立她，具体事件也没说得很清楚。我们现在不知道该怎么办了，好不容易考上大学，我们希望她能完成学业。

咨询师：您在那里的一周，主要做了些什么呢？

父亲：她该上课就去上课，放学后我陪她去吃饭，爱吃什么就吃什么，还有带她玩。

咨询师：您接触到她的同学和老师了吗？

父亲：没有，女儿不让。

咨询师：您陪伴了女儿一周，她的情况有所变化吗？

父亲：总的感觉是情绪不高，还是不想读这个学校。

咨询师：去了这一趟，她的同学您从未见过吗？

父亲：是的，但是送她去入学的时候，我曾见到过她同寝室的同学。

咨询师：那请您说一下入学时候的情况。

父亲：我请假送她到学校，所有的行李都是她妈妈帮她准备的。入学的所有手续都是我帮她办的，送她到宿舍，帮她安顿好。她们是四个人一个宿舍，与另外三个同学互相认识了一下，当时并没有发现什么问题。我女儿从小就显得不是很主动，基本上是我代替她跟其他同学打的招呼。那次我待了三天，把她安顿好就回来了。

咨询师：您这次去，离开的时候，和女儿达成什么共同的约定了吗？

父亲：她从小主要是妈妈带，她特别怕她妈妈。我跟女儿说，我回去与你妈妈商量一下，我们供你很不容易，你先好好读书。她也答应了，所以现在回来就急着来求助了，作为父母是坚决不愿意她退学啊。

咨询师：你们的心情我很能理解，好不容易把女儿送进大学，现在这个状况，对你们冲击还是很大的。我有几个问题需要先问一下，女儿在高中的时候参加过什么学生组织或者集体活动吗？

父亲：很少，也从来没当过班干部什么的，她妈妈管得很严，基本不让她参加同学的聚会。

咨询师：问一下，所谓的"管得严"指什么？是妈妈不想让她接触男生吗？

父亲：是的。我女儿长得很漂亮，所以我们管得很严。

咨询师：您认为女儿长得很漂亮，要严加看管。关于这方面的理念与她交流过吗？

父亲：漂亮，长得又成熟，所以我们对她的要求就很严格，特别是她的母亲。

咨询师：我们能不能听听妈妈的想法？请妈妈也说说自己的观点。

妈妈：我很伤心，也很无奈，我们两口子全心全意地培养这个女儿，希望她不要像我这样的工薪阶层一样，能有更好的命运和平台，所以有关她的任何活动我都盯着、陪着。她能够考取外国语学院，我们感觉到很高兴，没想到才几个月就想要退学。我特别伤心难过，不知道她在想什么。

咨询师：听下来，女儿的学习成绩方面没有太大问题，是吗？

母亲：是的，学习还不错。

咨询师：她要求退学的真实原因可能是跟同学搞不好关系，或者是对大学的生活不适应。按照你们的表述，她在上大学之前，主要任务就是学习，其他的事都是妈妈代替做了，是这样吗？比如说，洗衣服、做饭等日常生活的料理等。

母亲：是的。

咨询师：也就是说，女儿的生活常识的经历和社会交往都被妈妈控制得很严。

母亲：我们对社会的负面现象见得太多了，所以对女儿的社会交往控制得很严。还有就是她爸认为她长得很漂亮，除了学习，不放心她接触社会上的其他人。

咨询师：我们能不能这么理解，她现在之所以对独立生活不适应，可能是因为你们之前对她太溺爱、控制得太严？这样的理解是否可以解释得通？这需要你们认真思考。目前你们能否与女儿达成一个短期的共识：放假之前不要做任何决定，到了假期如果能回来，你们一起来做咨询，交流后根据情况再决定是退学还是办理休学，好吗？在这期间，要让女儿尽量地和同寝室的同学好好相处，不要产生冲突。

父亲：她妈想去学校陪她住，但女儿不同意。

咨询师：女儿怎么说的呢？

父亲：她说要是她妈去陪她，同学会更看不起她了。

咨询师：我觉得陪也解决不了问题，您又不能代替女儿与同学打交道。听了你们的表述，我认为你们女儿的当务之急，是需要培养独立的生活和社会交往的能力，目前只能做大概的判断。你们家长需要考虑一下，最近几个月有没有发生什么突发事件造成她的变化，这个需要你们耐心地去与她沟通。

父亲：我去的这一周跟她谈过，好像没有冲突事件，她只是表示看不惯宿舍里的两个女生。

咨询师：那她与其他女生的关系怎么样呢？

父亲：好像不讨厌，关系也不是特别好。

咨询师：如果没有突发事件的发生，就尽量让她坚持到放假，假期回来经过咨询再说。请你们征求她的意见，是否愿意来做咨询，因为心理咨询有个很重要的原则是有诉求（不求不助）的原则，所以需要她本人有主动的意愿，她同意我们才能进行咨询，看你们能否达成共识。

母亲：这个应该可以做到，她爸这次去已经说好先把第一个学期上完，回来再做决定，女儿也同意了。

第二次咨询

假期时，女儿小沈回到家，由父亲带着来咨询。小沈给咨询师的印象并未像她父亲描述的那样漂亮。从整体来说，显得老成，少言寡语，脸上有青春痘，没有大一新生的那种青春活力的气质。

咨询师：你们父女俩一起来，我们先共同交流一下，后面可能需要分别单独交流。小沈同学能来咨询，是很好的事，你愿意与老师单独交流吗？

小沈：可以的。

咨询师：这次回来你跟父母交流过吗？现在还在想退学吗？

小沈：是的，老师，我就是不想上了，不喜欢这个学校。我父母坚决不同意，前几天为这个事，我是第一次跟我爸妈产生正面冲突，大吵了一架。

咨询师：你父母的意见你是知道的，你的想法你父母也是知道的，目前无法统一，请爸爸先到休息室坐一下，我和小沈先谈谈好吗？

父亲：好的。

咨询师介绍了心理咨询的相关原则后说：你能不能先说说你坚决要退学的原因是什么？

小沈：我在这个学校太痛苦了，我觉得我跟谁都合不来。我们同宿舍的两个女生才去了几天，就与男生玩得很嗨，表现得特别夸张。

咨询师：你说的夸张指什么呢？

小沈：比如晚上熄灯以后，还要跟其他男生视频聊天，影响我休息。

咨询师：她们视频一般是几点？会聊多久呢？

小沈：也不是很晚，但是只要听到她们聊天，我就会睡不着觉。我觉得她们不是什么好人。

咨询师：什么原因让你觉得她们不是好人呢？

小沈：这个不好说，一种感觉。

咨询师：除了在宿舍的这种经历，还有其他情况吗？

小沈：有的，老师上课经常让我们用英语来交流，我从来不敢主动发言，但看着其他人争着发言，我觉得他们表现欲望太强了，特别是我们宿舍的那两个女生，好像老师也特别喜欢她们，男同学也喜欢跟她们玩，我有一种被孤立的感觉，我不喜欢这个学校。

咨询师：她们的活动，你想不想参加呢？

小沈：我才不愿意呢，她们那么妖里妖气的。

咨询师注意到一个细节，小沈打扮非常朴素，纯素颜。

咨询师：你觉得妖气指的是什么呢？

小沈：老师，她们太夸张了，各种化妆品，衣服鞋子，各种自拍，超级爱自我表现，我特别看不惯。

咨询师：你说的这些在我看来，在你们这个年纪有爱美的心，也是正常的一件事。

小沈：反正我觉得她们就是为了在老师和男生面前表现自我。

咨询师：你们班男生多吗？

小沈：四十五个同学，有九个男生。

咨询师：你跟你们班男生有交往吗？

小沈：没有，这些男生我也看不惯，他们只喜欢那些夸张的、妖气的女生，我觉得没意思。

咨询师：那你想不想加入到其中呢？

小沈：不想，我就想退学。

咨询师：你在高中的时候有没有玩得好的同学？

小沈：有的，有两个女生。

咨询师：有男生吗？

小沈：没有，我父母一听说跟男生有交集，就会很紧张，不让我交往。

咨询师：哦！王老师想布置几个任务给你，你看看是否愿意完成，好吗？这个假期需要你完成一个作业，每周约一个高中同学去英语角一次。希望你能与那里的人有交流，如果你一开始做不到，那也请你坐在旁边观察别人的交流。另外，你需要读两本西方文学作品，最好是爱情题材的。

小沈：老师，这种活动估计我父母不会同意吧……

咨询师：这个问题一会儿会征求你爸的意见。退学的事我们暂时不要做定论，开学前再来讨论好吗？

小沈：可以的。

咨询师：据我所知在家里都是父母照顾你的生活。现在希望你想一下日常生活当中，哪些事是你可以自己做决定的，并且要你来实施完成，下次请你拿出一个假期的生活计划。

小沈：好的，老师，我回去试试。

咨询师请父亲进来，说道：我们达成了两点共识，一个是您女儿每周参加一次英语角或者沙龙活动，她担心您和她妈妈不同意。您是什么意见？

父亲：肯定同意，我送她去吧。

小沈：老师看到了吗？这样还不如不去。

咨询师：我同意女儿的说法，我们刚才交流的另外一点就是，整个成长中被父母替代得太多，所以她现在缺乏生活的经验，到了今天你们还想替她做她自己该做的事，这是你们作为父母需要认真反思的部分。您的担心能够理解，所以我们商定女儿会约朋友一起去，不是单独一个人去。这样您觉得怎样？

父亲看着女儿，想了一下说：如果是××（女生名字）一起去是可以的。

咨询师：这个假期，家里哪些事情可以交给女儿自己拿主意，您回去与她妈妈商量一下，女儿也会拿出计划。

咨询师请女儿到咨询室外面稍等，与父亲单独简短交流。

咨询师：女儿要去参加的活动，如果她认识了男生，您会怎么想？

父亲：我就是怕这个了！

咨询师：这就是我要跟您单独交流的原因，您需要认真思考一个问题，您的女儿最终会恋爱结婚，那么要学习的是与异性打交道，要具备这种能力才能适应正常的生活，这个是父母必须要去面对和接受的事实。

你可以与女儿交流沟通一下，说清楚你的担心和想法。做一个双方都同意的约定。

父亲似乎听懂了，显出极力思考的样子。

第三次咨询

咨询师：小沈，你这周过得怎么样？

小沈：我和高中最好的同学去英语沙龙了，我发现包括她在内的大部分人都挺爱表现自己的，很爱说，原来这可能是大多数人的常态。

咨询师：这个观察很好，那你在现场怎么样呢？

小沈：一开始很尴尬，但是有我同学拉着我加入，慢慢地我就不是那么紧张了，但还是话很少，不知该说什么。

咨询师：没关系，你先感受一下那个氛围，不着急。

小沈：老师，我这次还有一个重大发现！我同学她也谈恋爱了，是跟她的一个学长。她跟我描述他们在一起的那些感觉，我听了都觉得好新奇。她跟以前相比变化很大，变得特别喜欢打扮。我隐约觉得，男女生交往的感受还挺好的，好像不像我爸他们说的那么恐怖和不好。

咨询师：嗯，其实男女生交往或者相互吸引，都是人成长的正常过程。你现在能理解你同宿舍的女生的一些表现了吗？

小沈：哦！能理解一些吧，但是她们还有更恶心的事让我接受不了。

犹豫一会儿，小沈脸红着说：我上铺的那个女生，有手淫的毛病，还会发出声响，很恶心，我都要吐了。

咨询师：这个呢，老师要跟你做一点解释。现代医学将这个行为称为"自慰"，是我们性成熟过程中一个正常的现象，就像身体某个部位痒需要挠一下才会舒服一样，不需要给这个行为赋予什么道德评判或者有羞耻感。需要注意的是这个行为是私密的，不过度、不影响别人就行，这样既是尊重自己，也是尊重别人。

小沈：我一直觉得这个很淫荡，很下流。

咨询师：对性有欲望或者有冲动是青春期以后的一件正常的事，几乎所有人都有类似经历，你看你的闺蜜也正开始经历恋爱了嘛。

小沈：是啊，她告诉我她跟男友接吻的感受，我听得心跳加速。

咨询师：是的，异性间有交往是正常的，你之前没有这方面的经历和经验，这是成长的缺失。我们的咨询目标之一，就是要帮你补上这些缺失。学会与人交往，学会与男生正常地交流沟通。

小沈：好的，我会尝试去接受与男生交往这件事。

咨询师：那么下次参加活动，希望你可以主动发言，展示你的语言能力。你可以试着与男生语言交流沟通，观察一下自己的感受。

上次说到的你在家里哪些事是可以自己做主，你思考了吗？

小沈：别提了老师，我想买新衣服、化妆品什么的，想把旧衣服扔一部分，我妈大发雷霆。我爸妈的衣服都是些工作服或制服。

咨询师：这样吧，你下次可以邀请爸妈一起来咨询，王老师认为我们坐下来共同讨论可能效果会更好，你觉得可以吗？

小沈：那太好了，下次见。

第四次咨询

父母和小沈一起来到了咨询室。

咨询师：欢迎你们一家三口，根据前几次咨询的情况，需要做一个家庭的咨询。我曾经跟父亲布置过一个家庭作业，您思考了吗？

父亲：我想过了，我觉得我们的教育没有太大问题，因为是女儿，本质上要给她更多的关爱和保护，所以这不能算错嘛。

咨询师：这不是一个对错的问题，是人在成长的过程中，无论女儿还是儿子，正常的社会交往以及与异性的正常交流，都是人身心成长必须要学的经验。跟你们女儿交流下来，她自己也感觉一直在一个玻璃瓶里，一到了大学生活，必须要自己面对的时候，就突然懵了。比如与其他女生格格不入，羞于与男生交往，导致很孤独，没有方法和技巧融入他们当中。我们的咨询是要她把交际方面的缺失重新认识和成长，这就需要你们做父母的配合。

现在，我想请小沈说说上周她想做的事，我们大家一起交流沟通一下，看看是否能够达到某种共识。

小沈：我上周想给自己和我妈买化妆品，妈妈都表示反对。我想做主的事情，比如买菜做饭，他们都习惯性地做完了，不让我参与。

咨询师：有没有你们一家人达成一致的事情呢？

小沈：有的，我提出一起去外面吃饭，他们倒是同意了，但是吃什么还是我妈定的。

妈妈：你现在一脸青春痘，这是为你考虑（责怪、严厉的语气）。

咨询师：这个可以理解，那么现在请妈妈说说不让女儿买化妆品的观点。

母亲：她现在正是青春年少的时候，不要像社会上的那些女生搞得涂脂抹粉、妖里妖气的样子，我们还不是为她好。很多人变坏就是从这些小事开始的。

咨询师：妈妈的这种说法，好熟悉，好像女儿也这么形容过她的室友。

小沈：怪不得我看不惯我的那些室友呢！

妈妈脸上露出惊讶且尴尬的表情，沉默片刻说道：我和你爸只是希望你不要太张扬和虚荣。

咨询师：爸爸妈妈能不能说一下你们是怎么认识的？

母亲：我们两家的父母是同一个工厂的，其实我们从小就认识，大了以后两家人都觉得合适，我们也觉得差不多，很自然就结婚了。

咨询师：你们觉得女儿如果要恋爱，是不是也要按照你们这种模式？你们觉得还可能吗？

夫妻两人互相对视了一下，父亲说：如果是这种模式，怕是基本上找不到这样的人了。

咨询师：非常好，如果一定要按你们这种模式，是不是意味着您的女儿不能主动跟男人（男生）交往。你们那个时代的方式，在现在这个时代几乎是行不通了。你们考虑过吗？

母亲：也许是她爸工作性质造成的，从小她爸就对这个女儿特别在意，长大后更是不愿意让她跟社会上的人交往，甚至包括同学。女儿现在的问题，很大程度上就是她爸这种方式造成的。前段时间，女儿打电话来说要退学，我说先把这学期上完，她爸根本按捺不住，马上请假去陪她，女儿太像是他的小情人了。

咨询师：妈妈能有这种认识非常好，无论怎么说，女儿终究有一天是需要恋爱或独立生活的。以前缺失的经验，现在需要你们配合帮助她补回来。让她开始学习独立做决定，学习照顾自己的能力，包括和异性交往。

她不仅是在与异性交往上有缺失，现在连与同宿舍的女生交往上都会引起她的情绪波动，看来妈妈还是容易理解这个因果，现在就看爸爸能不能放手了。

父亲：那我要怎么做呢？

咨询师：也不需要您具体做什么，只是女儿现在已经想独立面对一个环境了，不可能再由你们替代了，她必须要学会为自己做决定和承担责任。这个假期她制定的目标,需要你们家长积极配合,比如说你们可以商定一个消费金额,在这个范围内,女儿要买衣服还是化妆品,你们不要再干涉,可以吗?让女儿自己根据审美和喜好去做选择。

父亲:可以的。

咨询师:妈妈也表个态嘛。

母亲:我没问题,我原来就觉得她爸太宠溺这个孩子了。

咨询师:另外,在我们的计划里,她和同学一起去的那个沙龙活动,你们要做的只是信任,充分相信她能把握好尺度。

咨询师(对小沈):王老师对小沈有个小要求,如果你喜欢上某个男生,或者某个男生追求你,无论是现在还是上学期间,你都应该告知父母。你的坦诚,是父母相信你的一个基础和前提,父母对女儿的信任,是对孩子很重要的支持。

咨询师(对父亲说):上次单独布置的作业,还请您要认真地思考和对待,这也是爸爸需要成长的部分。

父亲:我确实是有点职业病,我会好好想想的。

咨询师:我还需要与父母单独交流,请小沈到休息室等待一会儿。

咨询师对父母说:通过跟女儿的交流,她现在退学不是因为学习困难,而是社会适应问题,集中体现在与同寝室的人际关系上。因为觉得与别人不一样,造成自己的不适应。这跟家庭教育有很大关系。在心理学中有人提出"人是在挫败中成长的"。你们的家庭,孩子很少去做决定和承担后果,替代成长造成了她的缺失,我们现在做的一些都是在补课,希望你们配合。

按照共同制订的咨询方案又进行了两次咨询,小沈反馈都很好。在返校上学前,她又一次来到了咨询室。

第七次咨询

小沈:这个假期是我有史以来过得最充实和自在的一个假期,每周都去参加英语角或者其他活动。终于能够主动地跟男生讲话了，特别是我发现，学外语的人一般都很活泼，会主动与别人沟通交流。过去我一直认为他们很装，现在我觉得这是正常的。要想学好语言，主动开口是很重要的一个环节。所以，我们班那些同学争着发言，好像也挺正常，不知道当初我为什么会那么抗拒。还有您让我读有关爱情题材的文学作品，我看了《茶花女》《霍乱时期的爱情》，我觉得要尊重别人的感受和感情，珍惜当下。

咨询师：你很有悟性。想退学这个事你现在是怎么考虑的呢？

小沈：我想先回去看看能不能适应，然后再说。

咨询师：适应什么呢，能不能具体一点？

小沈：看看我能不能跟宿舍的同学正常地相处。

咨询师：还有吗？

小沈：我还想看看自己，如果班上的其他人，不管他们怎么表现，还会不会引起我情绪的波动和难受。

咨询师：很好，除了观察，你也可以尝试主动表达自己观点，就像这个假期里发生的一样，比如说参加班上、学生会的活动。

小沈：好的，老师，我愿意去尝试。

咨询师小结

1. 本案例结合了个体咨询和家庭治疗并穿插进行，咨询师评估了家庭内部动力、家庭成员不同的自身资源，准确把握咨询节奏和结构，适时调整咨询步骤和方案，提高了咨询的有效性。

2. 来访者表面上想退学，实际上是对人际关系和人际交往的回避，以致欲逃避整个大学生活。咨询帮助其建立支持系统，恢复社会功能。

3. 由于家庭的封闭式教育，父母回避对孩子进行性教育，造成孩子性知识的缺乏和曲解，通过咨询调整认知，使孩子能够正确看待性话题和两性问题。

4. 咨询使孩子的父母对他们的教育方式做了反思，同时父母自身也得到了成长。

咨客反馈

小沈：我非常感谢王老师帮我解决了心理上的困惑。以前我比较封闭，不愿与人交往，也不懂男女间正常的交往，甚至讨厌。王老师引导我认识了正常的人际交往对人的重要性和对生活的重要性。现在我已能正常地融入身边的环境中，与同学朋友相处得也不错，我感到非常开心。

第五章　期盼的眼睛
——忽视创伤

忽视创伤主要是父母对孩子造成创伤的一种形式，是指父母不能满足孩子本质的生理或心理需要而产生的伤害。

主要原因是为人父母者不知如何养育孩子。他们有的将自己父母的教养方式沿用到子女身上；有的因为感受到太多父母养育中的缺失，将自己想要的加倍补偿到子女身上；有的凭自己的想象将自认为最好的条件都给子女，表面上看是在关爱自己的子女，实际上是在满足成人自己的需求。这些父母都因为不知道养育子女要让子女作为独立的个体，要给予子女积极而无条件的关注，对子女的需求适当响应。虽然一心想着为子女好，却在无形中对子女造成了极大的忽视创伤。

因为各种原因，有的孩子的父母外出务工，不得已将孩子与老人留在家中。年迈的老人成为孩子的主要照料者，要么过度溺爱，要么无力管束，这给留守儿童们带来了较大的忽视创伤。

还有一些父母虽然陪在孩子身边，但是，因为他们自身的性格缺陷、心理问题或选择了不恰当的教养方式等原因，对孩子的成长造成了不同程度的忽视。

另外值得注意的是，在多子女家庭中，由于父母的经验、对某个孩子的偏爱、不恰当的比较等问题，对家庭中的某个或某几个孩子造成了忽视。

这些忽视包含物质忽视和精神忽视，心理上的忽视会对不同年龄段的孩子造成各不相同的影响，孩子受到忽视的创伤后会形成各种各样的反应。其中最常见的是将自己变成"问题孩子"来引起父母的关注。

在婴儿期，忽视婴儿的心理需要会影响父母与儿童之间形成正常的情感联系，使婴儿避免或拒绝与母亲接触，甚至比受虐待儿童还表现出更少的对母亲的安全依恋特征。这可能使被忽视的婴儿成长为不友好的、学习能力迟缓的儿童。

对学前儿童的忽视有时也表现为对儿童行为的极端纵容，父母没有制定适当的限制或为儿童提供适当的指导。这种孩子表现出不成熟、不快乐、较差的自我控制的特征。

在学龄中期和少年期，那些在生活上没有得到父母关爱或照料的儿童常常寻求他人的注意，更可能产生旷课、离家出走、行为不良、自杀等行为，往往表现出冷漠、无精打采的退缩行为或极端的攻击行为。他们的身体发育和智力发展均低于正常儿童，在面临问题情境时，他们常常高估问题的难度，低估自己的能力。

情感上的忽视并不是指父母的不管不顾，而是父母没有真正理解孩子的情感变化、内心需求，没有给到孩子真正的恰当的回应。

当然，并不是所有的忽视都一定会形成与上述类似的创伤，有可能会在同一个年龄段表现出与年龄段不相吻合的特征，也可能早期不表现出来，直到成年后才会感觉到各种因为忽视创伤造成的痛苦。

 特别的小学生——留守儿童小学生怕进校门

> 心理定势（Mental Set），指心理上的"定向趋势"，它是由一定的心理活动所形成的预先的准备状态，对以后的感知、记忆、思维、情感等心理活动和行为活动起正向的或反向的推动作用。在环境不变的条件下，定势使人能够应用已掌握的方法迅速解决问题；而在情境发生变化时，它则会妨碍人采用新的方法。

案例介绍

这是一个关于留守儿童心理健康项目的咨询案例。我作为专家组首席咨询师,参加某县教育系统心理辅导员、心理老师有关心理工作的督导交流会。会议中,学校领导和心理老师谈到这个五年级男生小李同学的情况,希望专家组能给小李同学做个体咨询。

学校老师详细介绍了小李同学的情况:小李同学每周一返校时,一到学校门口,就想往外跑,害怕进入学校大门。家长和老师做了很多工作,情况依然没有改善,大多数情况下小李同学是被逼着进入学校的。小李同学虽然在家长和老师的逼迫下进入教室,但无心学习,学习成绩一天不如一天,还会影响其他同学。让老师头疼的是,有时候他会偷偷跑出学校去玩,好不容易找回来以后,又在课堂上说话,影响正常的教学秩序。

会议结束时,学校的领导和班主任把小李同学安排给我做一对一的心理疏导。由于山区学校的条件有限,没有独立的房间作为咨询室,于是,我要求学校领导安排一间小会议室作为临时咨询室,并向校领导及班主任交代,小李同学到会议室后需要他们回避。我们必须遵循心理咨询的保密原则和不能有双重关系的原则,所以学校的老师和领导不能参加咨询。

咨询过程

通过班主任老师在督导会上的介绍,考虑到在和小李同学交流时,他会采取沉默反抗的方式,因此,咨询开始前我准备了两张A4白纸、一支铅笔和一支碳素笔备用。

> 当来访者不愿意进行言语沟通时,可以采取绘画、沙盘等方式进行沟通交流。
>
> 绘画治疗是表达性艺术治疗的方法之一,绘画者在绘画的创作过程中,通过绘画工具,将潜意识内压抑的感情与冲突呈现出来。同时,在绘画的过程中,绘画者在心灵上、情感上、思想上,将获得负能量的释放、解压、宣泄情绪、调整情绪和心态、修复心灵上

> 的创伤、填补内心世界的空白，获得满足感、成就感、自信心，从而达到诊断与治疗的良好效果。绘画治疗法不限制年龄，成人或儿童都可以通过绘画治疗法，获得任何良好的心理需求。心理咨询师可以通过绘画解读受访者的心灵密码，透析深度困扰人们的"症结"，从而对症解题，让受访者在一定的时间内得到帮助和缓解，是心理健康恢复的手法之一。

老师和小李同学进入小会议室时，我注意到小李同学清瘦，情绪低落，不愿意抬头，眼睛却叽里咕噜地乱转，显出紧张的情绪。老师离开会议室后，咨询就正式开始了。

我主动向小李同学介绍自己以及咨询的保密原则。

王老师：王老师长期从事心理健康教育培训工作，是某机构的心理督导老师，长期对学生、学生家长以及老师进行团体和个体心理健康咨询。心理咨询有一个重要的原则是保密原则，所以我们今天的交流内容仅限于我们俩知道，离开咨询室以后，不会跟学校领导和你的老师以及其他任何人提及。如果有哪些内容和情况可以告知你的老师，一会儿，我们俩会共同商量，先征得你的同意才能告知。你觉得可以告知的内容我们才会告知你的老师，你觉得不能告知的坚决不会说。今天能认识你很高兴，希望能和你沟通交流。你能不能介绍一下你自己？

小李同学保持沉默，一句话不讲。

等了几分钟，王老师递给他一张A4纸和准备好的两支笔，说：你现在暂时不想讲，没关系，你能不能在这张纸上画一下你心目中的学校或者是你心目中的教室和同学。

小李同学突然开口说：我怕来学校，是怕被批评、永远被批评，不管我做什么好像都不对，我做得再好，也从来没有被表扬过。每次来到学校门口，一想到要被批评，就有种想要逃跑的感觉，不敢进校门。

王老师：噢，我听懂了你不愿意进学校的原因，那么现在请你按照刚才说的，进行绘画好吗？

小李同学欲去拿铅笔，犹豫了几秒钟，拿起了碳素笔。在纸上画了他的教室，如下图。

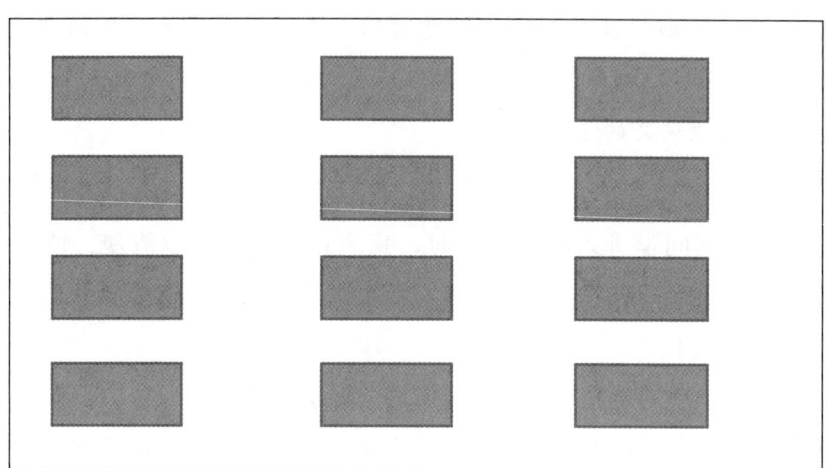

王老师：你画的是什么？

小李同学：这是我的班级。

王老师：你能解释一下这幅画吗？为什么这样画？每一个小方框代表什么？

小李同学：代表课桌。

王老师：喔！怎么没有同学和老师？

小李同学低着头，好几分钟不说话。

王老师有意识地等待了一下，说：班级里不光有课桌，还有黑板、同学、老师等等，王老师看你画的班级，有一种很沉闷的感觉。

小李同学：他们都不喜欢我，孤立我，我也不和他们玩。

王老师：班级活动你会参加吗？

小李同学：我经常被批评，导致大家都孤立我，我干脆什么都不参加，甚至讨厌参加他们的活动。

王老师：除了学校之外，有没有你特别喜欢的人或喜欢做的事？

第五章 期盼的眼睛——忽视创伤

小李同学：我心目中喜欢我的一个哥哥。

王老师：你的这个哥哥现在在做什么？

小李同学：他今年去当兵了。他没去当兵的时候经常带我一起玩，经常带我去抓鱼，我特别喜欢他。他当兵以后没人带我去抓鱼，我自己去就经常被打。

王老师：被谁打？

小李同学：被爷爷奶奶打。

王老师：爸爸妈妈呢？

小李同学：他们在外面打工，根本管不着我，我和爷爷奶奶住。

王老师：爸爸妈妈在外面打工，你在家里除了学习之外，还会做些什么呢？

小李同学：主要是漫山遍野跑、玩，有时候打扫一下院子的卫生。

王老师：漫山遍野跑，就你一个人吗？

小李同学：是的，老师。我特别喜欢帮爷爷奶奶去山上放羊，又好玩，又不用学习，还会得到他们的夸奖。一去抓鱼就被打，我就特别想我的哥哥，有他带着就不会被打了。我太喜欢抓到鱼的感觉了。

王老师：为什么你一个人去抓鱼就会被打呢，你想过吗？

小李同学：他们是怕我掉到水里。

王老师：你很聪明，他们是担心你的安全问题，不放心。这个你能理解吗？

小李同学：能理解。

王老师：老师觉得，你不仅聪明，还很懂事。在家的时候还帮着爷爷奶奶做家务、打扫卫生、放羊，你很优秀。至于抓鱼，你也能理解大人们的担心。那么我们做事是不是应该让爷爷奶奶、爸爸妈妈、老师同学不为你担心，或者不过多地为你操心？

注：咨询师使用阳性强化、正向鼓励的方法，及时给予肯定。这对经常被批评的孩子很重要。

小李同学：是的。我的哥哥也是这样说的，不要让家里担心。可他们都不相信我。我觉得我以后也要像我哥哥一样去当兵。

王老师：你说以后要去当兵，那么你这个当兵的哥哥有哪些方面是你要学习的呢？

小李同学：他穿军装很帅，他很独立，不用在家天天被家长老师盯着。

王老师：他会让家里的人担心吗？会惹麻烦，与学校、家庭产生矛盾吗？

小李同学：不会。

王老师：你现在想一下，你知道以后抓鱼需要怎么办吗？哥哥在当兵之前带你去抓鱼，你从来没有被打过、骂过。这说明爷爷奶奶并不是不让你抓鱼，而是要你在安全的前提下来进行。所以，以后你不是不可以去抓鱼，但是为了不让家里和大人们担心，要在有大人监护的情况下，保证安全的前提下再去抓鱼，不再私下一个人跑去抓鱼。你觉得呢？这个你想想能做到吗？

小李同学又沉默不语，没有回应。

王老师：现在老师请你写一下哥哥身上值得你学习的三个优点以及你自己的三个优点。

注：正向引导，积极思维技术。

小李同学写了哥哥的三个优点是：自由、不惹麻烦、带我玩。

自己的三个优点是：放羊、抓鱼、打扫卫生。

王老师：哥哥的这些优点，你长大了懂事了以后都可以做到。现在你需要先做到的是不惹麻烦。你写的自己的三个优点，在老师看来，都可以归结为是你的兴趣爱好。你说要向哥哥学习，那么起码要学会换位思考，不影响他人。特别在学校、班里不影响其他同学正常的学习秩序。你学不进去是你自己的事，但我们不应该去影响到其他同学。

小李同学：知道了，老师。我有时候是故意捣乱。就是不想让他们老是被老师表扬。

王老师：那么你考虑一下，你要怎样才能自觉自愿地去学校上学并不扰乱班里的正常课堂纪律？

小李同学若有所思，喃喃自语：怎么样才愿意回到学校呢？允许我去抓鱼，我就愿意老老实实回到学校去上学。

这时，咨询变成了讨论小李同学是否可以去抓鱼，这种要求不是咨询师可以直接回答的，只能给他做一个最简单的规划，这个规划是从星期一到星期天每天的规划，而这个规划要考虑把抓鱼纳入其中。

王老师：请你做一个作息时间规划表，可以把抓鱼和你的兴趣爱好放在其中，然后我们再来讨论能不能同意你去抓鱼的事。

小李写了一个自己的时间规划，其中周一至周五按时按点起床上学，晚上按住校生规定准时睡觉。周六、周日可以自行安排，他安排的是周六帮爷爷奶奶放羊，周日上午去抓鱼，下午没写。

王老师看了后提出：你的整个时间规划里都没有自学的时间，留出空白老师认为是可以的，但是建议你能否加上一点点做作业或者自习的时间。

小李同学：每天下午和晚上老师都会安排做作业和自习的时间，所以我才没写。周六、周日我不知道自己能做什么。

王老师：非常好，你能写出这个时间计划，作为一名五年级的学生已经很优秀了。只是我看了你写的字想给你一个建议，每天加十五分钟练字环节，可以吗？另外，你们每天晚自习几点结束？

小李同学：九点。

王老师：那么就用晚自习到睡觉中间的这段时间，用十五分钟来练字，这样合适吗？周六周日，无论你是放羊，还是下午不抓鱼的时间，要读一本你自己喜欢的课外读物，这个读书时间不能少于一个小时。这样你觉得可以接受吗？

小李同学想了一下说：应该能做到的。老师，你还没有说抓鱼的事呢！

王老师：至于抓鱼的事，我们得跟你的班主任老师一起商量，告知你的家长。王老师认为抓鱼是可以，就按你的作息计划来实施，每周一次，但是必须要在成年人监护下来进行。这样你觉得如何？王老师不太了解你的家庭状况，有没有合适的人能陪你去抓鱼玩？

小李同学：我有一个叔叔，就是当兵的哥哥的爸爸，他非常好，特别愿意带我玩，他可以陪我的。

王老师：这样非常好，但是需要老师与你的家长沟通后再决定，万一某一次大人没有时间陪你的话，你不能因此闹脾气。

小李同学：好的。

王老师：你的这个规划非常简单，留出了大量的空白时间，这个没关系，你可以根据你的生活和学习情况逐步去完善补充空白时间的计划。比如说，你可以加上每天锻炼的时间，也可以加上写自己心情日记的时间，把你想念哥哥的心情记录下来。类似这些活动今天不再详细讨论了，你根据自己的实施情况去做补充调整。现在想问你的是，我们一起制定这个小小规划，我为你自豪，能不能给你的班主任老师也看一看？王老师相信，你的老师看了以后也会很高兴的。

小李同学犹豫了一下说：可以的。

本次与小李同学的咨询结束。

紧接着王老师与小李同学的班主任老师沟通交流。班主任看到这个规划的时候很惊讶，有些不敢相信是小李自己写的。

王老师：这个孩子不愿意好好上学的原因之一是挫败感太强，缺乏信心。来学校总是被批评就会感到伤自尊，所以回避学校这个环境。只有抓鱼这个事可以让他感觉有成就感并感到快乐，无论什么年纪的人都愿意做令自己有价值感的事。今天的咨询有进展的原因主要是给了小李同学正向的认可和鼓励，他才愿意打开心扉，才有后面关于计划的讨论。比如他画的一幅画，哪怕只有简单的图形，都要看到他的努力，对他进行肯定和鼓励。通过画画，他才愿意开口，有了语言的互动。

班主任：我们确实在平时只盯着学生的成绩，而忽略了其他方面，以后可以学习您的方法。

> 注：阳性强化，行为疗法，比如练字的意义是提升学生的专注力和自信心。

王老师：因为我们需要正向地去鼓励他，所以允许他的计划里有大量的留白，目的是所有的规划必须是他自己愿意并且能够去实现的，才能列入这个规划中。凡是他当下做不到的事情，建议老师们不要勉强让学生列入自己的规划中，一旦学生做不到，这种规划就形同虚设了，所以留白本身不是坏事而是好事。

随着这种规划的逐渐实施，再让学生按自己的学习进度和需求去完善补充那些留白的时间。

咨询师小结

1. 找到所谓"问题孩子"问题背后的原因，而不是一味地纠错或者改正。尤其避免批评和指责，让孩子产生自卑和逃避心理。

2. 咨询师在帮助青少年来访者制订个人计划时，目标制定为其稍做努力就能达到的标准，这样既能实现目标，又能建立自信。

3. 咨询中运用了绘画治疗技术、正向反馈技术，寻找榜样作为效仿对象，他的兴趣爱好也得到了认可。

4. 留守儿童群体普遍存在被忽视的创伤，他们长期生活在亲情交流较少、家庭教育缺失的环境中，心理健康水平明显低于非留守儿童。留守儿童的主要心理问题表现为心理自卑、性格抑郁、自我封闭、为人处世孤僻、不合群等。作为心理咨询师，我们应该掌握这个特殊群体的心理特征。此案例中的孩子表现出来的负面行为，本质上还是潜意识，要引起外界关注，得到认可。咨询师通过共情和积极关注，使得这个学生真正意义上被看见、被理解了，激发了自体动力主动涌现。

此类案例除了心理支持以外，还需要学校、家庭和社会等多层面给予关

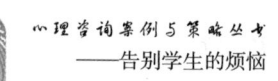

爱和支持。

咨客反馈

小李同学的班主任：当我看到小李写的规划时，非常惊讶，小李同学从来不跟我们交流，问他什么都不开口，那天居然做了那样的规划，真让人意外。王老师真不愧是省里的专家，很有一手，真是让我佩服。在与王老师的沟通交流中，我认识到了解学生心理的重要性，尽量找出学生产生问题背后的心理原因，再加以疏导，而不是空洞地说教与一味地强求。在后来的工作中，我尝试以这种方法去与学生交流，效果不错，像原来与小李同学之间的那种僵局很少再发生。

 暗恋的苦恼
——高中男生谈恋爱学习成绩下降

> 世界上最遥远的距离，不是生与死的距离，
> 而是我就站在你面前，你却不知道我爱你。
> 世界上最遥远的距离，不是你不知道我爱你，而是爱到痴迷，
> 却不能说我爱你。
>
> ——泰戈尔

案例介绍

一对中年夫妻来到咨询室寻求帮助。以前丈夫是技术工人，妻子是出纳，生了孩子后没几年，两人都下岗了，所以特别希望儿子能够上大学，将来不要再在企业工作。他们对儿子寄予了很大的希望，希望他通过读大学来改变家庭的现状。为了生计，夫妻俩现在开办了一个加工厂。

孩子上小学时学习成绩还不错。为了让孩子过得好，也为了能上好的学校，夫妻俩辛苦地赚钱，觉得只要有了经济保障，孩子应该会好好学习的。

孩子初二时转学到省会学校，感觉和城里的同学不合群，害怕别人看不起自己，平时与父母的交流沟通也很少。

孩子的学习成绩与家庭教育、父母的影响有关，家长希望孩子学习好，但是忽略了对孩子的关心。从郊区到城里，由于操持加工厂，经常加班，忽略了对孩子的管理，孩子平时在学校，周末回家时也因父母去加班而很少见面。

咨询师向家长介绍，许多孩子在从小学到初中的转型过程中，容易出现学习成绩下降、人际关系障碍等问题。一方面的原因是教学方式的改变，科目的增加，环境的改变，需要有一个调整适应的过程；另一方面是，家长容易忽视孩子进入青春期阶段因心理生理变化而产生的困惑和迷茫，很多孩子就是在这个转型过程中没能跟上节奏而出现了困难和问题。父母每天忙于工作或加班，不能陪伴孩子，没有对孩子进行必要的支持或帮助，导致孩子在家庭教育、关心关爱方面的缺失，使得孩子缺乏自我管理、学习规划管理、学习习惯管理以及生活习惯管理的能力，从而产生对学校和对学习不适应的情况。

通过交谈我们发现，从孩子上初中起这个家庭就忽略了父母陪伴与家庭教育，虽然已经上高二了，却不具备家庭学校生活中所需的良好人际互动能力，造成学习成绩急剧下滑。因为父母都是下岗工人，不可能要求他们腾出过多时间来调整各种关系，但希望他们能多抽出时间来关心和陪伴孩子，增加和孩子的良性互动。考虑争取让孩子来咨询可能更容易见成效。

简单向父母介绍了咨询的几条原则，第一是保密原则，第二是有诉求的原则（不求不助），让母亲回去问儿子是否愿意来咨询。

第一次咨询

母亲征得儿子同意后，带着儿子小陶来咨询。

咨询师介绍了保密原则和有诉求的原则，然后告知小陶，能够主动来咨询非常好，大多数人在工作、学习、社会交往中都会遇到各种各样的问题，有些话可以和父母讲，有些话可以和老师同学讲，有些话可以和朋友讲，有些话和谁讲都不适合的时候可以和咨询师讲，因为在保密原则保护下，所有的话都是被保密的。

然后问小陶：你有什么要和我说的吗？

小陶想了一下说：我自从来到省城，来到新的学校，就和同学玩不在一起，总担心他们看不起我，我也不喜欢和他们一起玩。我在小学的时候，同学之间的玩法和现在的玩法完全不一样。

咨询师：哪些不一样？你能说具体一点吗？

小陶：小学的时候，我们经常去河沟里捉鱼，可以漫山遍野到处跑。放露天电影的时候，小伙伴们就提着小板凳一起去看电影，和大家都玩得好，不会有什么矛盾。自从爸爸妈妈下岗搬到省城来，虽然是住校，但是同学之间拉帮结伙，一个个小团伙我都很难融入，还有很多同学谈恋爱，我似乎处于很孤独的状态。周末回家爸爸妈妈基本都在加班，我也是一个人，不知做什么好，也不想学习，以致我在学校听老师讲课也听不进去，也没有心情好好地复习、做作业，所以学习成绩下降了，有时候周末我爸爸回来就只会冷酷地吼我："你不好好学习，以后就会像我这样。"周一到了学校，我又觉得父母很可怜，只要是我读书的事情他们都很愿意付出，可是一回家，就会觉得他们很可恶，只会骂我。高二的期中考我没有考好，我爸回来也懒得说我了，但是我看着他很累的样子又很心疼他。我也想好好学习，但是就是学不进去，我也不知道该怎么办了。

咨询师：听了你的叙述，你爸爸对你是又爱又恨，爱就不多说了，你能够感受到。恨么，可能是因为对你的学习要求较高，你没有做到他内心的期望而对你不满意，是吗？

小陶：可能是。

咨询师：如果是这样的话，那是不是……（咨询师还没说完）

小陶说：我觉得是的。

第五章 期盼的眼睛——忽视创伤

咨询师：学习下降的原因有很多，不同的人可能会有不同的原因。

小陶：我就是不适应现在的学校和老师同学。

咨询师：能举个例子吗？怎么不适应。

小陶：老师，我们班有谈恋爱的，不知道为什么，谈恋爱的同学学习成绩还很好。我很羡慕那些又谈恋爱学习还好的人。

咨询师：你可以羡慕别人谈恋爱，但这不应该是你成绩下降的理由啊。你上课的时候能够专心地听老师讲课吗？

小陶：不能，真的很难做到，其实我也喜欢我们班的一个女生，我又不敢表达，我很怕别人也喜欢她。

咨询师：老师能不能这样理解，你喜欢的这个女生目前还没有谈恋爱，你很怕她和别的男生谈恋爱。

小陶：是的。

咨询师：那么假设有一天你发现这个女生已经和其他同学谈恋爱了，你会怎么办？

小陶：我会很难过。

咨询师：难过是能够想象得到的，那么除了难过还有其他想法吗？

小陶：不知道，我没想过。

咨询师：那么，老师给你三分钟想一下。

过了一会儿，咨询师：想到什么了吗？

小陶：我也想不到，我只知道如果她谈恋爱了我也就不会喜欢她了。

咨询师：为什么？

小陶：因为我很不喜欢那些谈恋爱的人。

咨询师：如果有机会，你会跟这个女生表白吗？

小陶：我不敢，我只是偷偷地喜欢她。

咨询师：高二男生对某个女生有喜欢的小冲动很正常，但是你的状态影响了你学习的专注力，因此你的学习成绩急剧下降。现在我们需要做的就是，别人谈恋爱也好，这个女生谈恋爱也好，你要尽快调整，把你的精力放在每一件当下要做的或必须做的事情上。老师在你这个年纪也有类似的情愫,上课、做作业都想着一个女生,作业交不出来后悔,考试考不好很痛苦。自己也知道上课的时候、做作业的时候,应该专心,但是又控制不住想其他事情,特别是想那个女生。这可能是这个年龄段的男生所具有的共性,我们应该设计一个方案,让你把精力集中在该做的事情上,比如玩的时候好好玩,做作业的时候能专心地做作业……特别是上课的时候能够跟上老师的节奏,可以起到事半功倍的效果。

自我暴露:是咨询师与来访者分享与自己有关的信息的过程,这个过程对于咨询师的治疗来说,既是重要的,也是充满力量的。咨询师的自我暴露有许多积极的效果,而且有很大可能可以推动咨询的进展。合适的自我暴露在建立咨访关系时有意想不到的效果。但是,如何自我暴露,何时自我暴露还有为何自我暴露,这些问题都可能带来伦理上的两难困境,需要被认真对待。

小陶:老师,我已经落下很多了,我想跟着听,但是完全跟不上。

咨询师:所有文科科目都尽量跟上课堂的教学节奏,所有跟不上的理科,落下的暂时不要去耽误太多的时间,尽量把当堂课的问题搞清楚,已经学过的通过背公式强化记忆。但是重要的是,你要做一个每天的时间规划,特别是早晨起来第一件事给自己一个正向暗示,比如"小陶小陶,你不能赖床,你要打起精神来,渡过这一天!"关键是在完成自我暗示或鼓励语之后一定要一骨碌爬起来。每天除了上课时间,你要计划出你做各种事情的时间。

咨询师:你喜欢的那个女生,你敢跟她表白吗?

小陶:不敢。

咨询师:写一封书信呢?

小陶:我也不敢。

咨询师:把你对女生的喜欢用日记的形式写下来,毕业后,或者有一天你有勇气表达的时候，如果那个女生还没有谈恋爱，你还想表达的话可以念给她听。如果你特别想这个女生的时候，你要给自己一个暗示，比如："我还没到想她的时间，等到了想她的时间我会好好想她，好好写日记，现在要做好手头的事。"你回去自己设计想她的时候的提示语，原则是可以"想"，又要给"想"一个希望，把"想"变成动力。

小陶：好难啊！我试试再说。

咨询师：你今天回去后做一个时间规划和每天的作息计划，我们下周讨论。

第二次咨询

本次咨询主要讨论了时间规划与自我管理规划，特别留出了小陶的私人日记时间。通过日记的方式抒发自己被异性吸引产生的情绪，他通过三周的实践觉得很有效，上课的专注度提高了。通过日记倾诉内心的方式，他对那个女生的幻想频率也降低了许多。

第三次至第五次咨询，均为电话咨询，咨询师有针对性地解答了小陶提出的关于学习、情感和社交方面的问题。他自己表示，现在与同学的关系基本上能自然相处了。

高考前，小陶主动要求要与咨询师当面咨询。

第六次咨询

小陶：老师，我担心考不起大学，因为我现在的学习成绩一般，这次摸底考，我的成绩还是不理想，如果考不上大学，我该怎么办？

咨询师：你自己有什么考虑吗？

小陶：我特别担心的就是，如果考不上，我爸妈对我会失望。如果不能凭自己的实力考上大学的话，我想去打工，帮助家里改善一下经济状况。我不想再花父母的钱了。

咨询师：听你这么说，觉得你成长了，愿意为家里去承担一些责任了，分担父母的经济压力。但是，你觉得你父母真的希望你去打工来分担经济压力吗？

小陶想了一下说：其实这几年，我爸办的工厂，生意越来越好了，订单多得接不过来，经济状况比以前好很多，也不需要我立即工作挣钱。

咨询师：那么你爸妈对你考大学是什么意见呢？你跟他们聊过吗？

小陶：我妈妈对我已经没有太多要求了，我爸还是很看不起我，经常说：你这样的人，以后到底能不能养活自己。

咨询师：老师认为，你现在应该全力以赴地准备考试，其他的都属于胡思乱想。能读大学就读大学，不能的话，能考上什么学校就读什么，比如职专、大专等。知道为什么吗？

小陶：不知道。

咨询师：因为在你这个年纪，能在学校度过很重要。学校是一个半社会状态，环境相对单纯，在那里你可以一边读书，一边了解社会。如果你直接进入社会，又有可能像转学时候一样出现不适应的状态。读职业大学、大专，可以给自己一个在进入社会之前的准备过程，不仅是为了知识储备，也是认识和适应社会的一种很好的途径。

小陶（表现出少许犹豫）：那……我明白了，我会努力准备的，其他的高考后再说。

第七次咨询（电话咨询）

高考成绩出来后，小陶预约了电话咨询，表示成绩不理想，上本科是不可能了，大专类药学专业自己还可以上线。

咨询师：你征求了你父母的意见了吗？

小陶：征求了，他们也觉得这个专业很不错，只要能继续上学就好。

咨询师：我们曾经交流过，你读大专不仅是学知识，也可以体验半社会状态，学会跟不同的人交往交流，为真正地步入社会做准备。在老师看来，任何专业只要你自己发自内心感兴趣，就是好的。有统计证实有75%以上的人毕业后未从事本专业的工作，但是任何知识在你生活、工作、学习、社会交往的过程中，都有可能被运用到。

小陶：老师，我知道该怎么选择了。

危机干预咨询

半年后一天晚上，快十点时小陶突然打电话给咨询师，用一种很急切的哭泣语气说道：老师，快帮帮我，我不知道该怎么办了！

咨询师：别着急，把话说清楚，怎么回事？

小陶：我现在很紧张，很害怕。

咨询师：怕什么？

小陶：我……我把她睡了，我特别害怕她怀孕。

咨询师：她是谁呢？

小陶：是我的同学。

咨询师：你的意思是说，你和你的同学发生了性关系？

小陶：是呢。

咨询师：你们应该学过生理卫生课程以及性生活注意事项。你们没有采取必要的保护措施吗？

小陶：学过了，也知道，但当时很兴奋，糊里糊涂的，什么都忘了。

咨询师：作为学医科类的大学生，你在与女朋友发生性关系时，不懂得做好保护措施，这是需要你认真反思的。你要意识到尊重对方、保护对方的重要性，安全措施必须要做好，这同时也是在保护你自己。现在你还是要对自己的行为负责的，但也不用太着急，据我所知有事后的紧急避孕药，你马上带你女朋友找专业的医疗机构，找妇科医生咨询，询问你女朋友适合吃哪一类的紧急避孕药，让专业医生指导一下。

> 注：咨询中避免直接出主意、给办法，在此提示最好建议来访者到正规医院求助，由专科医生给出干预方案和药物。

小陶：谢谢你！老师。

咨询师：强调一下，不要找小广告上的医院，找正规医院的医生哦。

一个月以后，小陶又来进行了一次咨询，咨询师针对上次的危机事件及小陶进入大专以后的情况进行了交流。

小陶：这个学校女生特别多，我们班有四十个人，只有五个男生，在学校男生特别得宠，经常有女生帮我买早餐、送奶茶、送饮料什么的，我感觉很得意。相处没多久，就与对我很好的那个女生谈恋爱了，之后没有控制住自己……

咨询师：在这种情况下，更要注意你的三观的建立，尤其要注意的是，要建立正确的爱情观。随着现代社会的发展，你需要学会尊重女性和女性的选择权利，避免骄纵得意。在还没有经济独立的情况下，谈恋爱还是要谨慎的。爱情和婚姻这件事，除了情感、思想成熟、生理心理等需要匹配，经济支撑也是很重要的因素。因此，希望你建立正确的恋爱观和性观念，要考虑到责任、义务和担当，学会自我保护，既是保护对方，也是保护自己。

咨询师小结

1. 本案例中的父母只对孩子进行了物质上的养育，忽略了对小陶同学情绪、情感的关注和陪伴，缺乏精神支持。

2. 父母只是把自己内心的缺失寄托到孩子的身上，把自己的愿望强加给孩子，忽视了孩子自发的动力，进而变成了压力。

3. 家庭教育的缺失，使得孩子错过了养成良好的生活、学习习惯的最佳时间。特别是时间管理和情绪管理能力的欠缺，让小陶同学在之后遇到情感冲突或学习问题时束手无策，只能凭本能应对。

4. 这个案例也说明了，在传统教育体系中，缺乏爱情、性、亲密关系方面的知识，使得很多孩子只能在社会生活中自己探索。

5. 从咨询师角度出发，当遇到危机事件时，我们应该严格遵循心理咨询不给具体建议的原则，给予方向性的引导，本案例给出了示范。

咨客反馈

小陶：从小父母就很少管我，所以有什么事我都不想跟他们说，说了也没用。但我喜欢跟咨询师王老师说，他不会说我做得对不对，还会教我怎么调整自己，让我顺利考上大专，能与同学自然相处。特别是我建立了自信，能自然地与异性交流，有勇气向我喜欢的女生表白。

案例七 假小子——初中女生不听话被父母打骂

> 德裔英国心理学家艾森克创立了人格理论（Eysenck's Personality Theory）。在他1947年出版的《人格的维度》一书中，艾森克将人格结构分为人格的内倾与外倾、人格的稳定与不稳定两个维度。他反对将人格定义抽象化，并指出人格是生命实体表现出来的行为模式的总和，其中包括认知（智力）、意动（性格）、情感（气质）和躯体（体质）四个主要方面。

本案例中的当事人，居住在另外一个城市，经朋友推荐介绍，通过电话预约在周末来进行咨询。

第一次咨询

按照事先的预约，母亲和女儿周六早上准时来到咨询室，母亲是某企业高管，父亲是公务员。

母亲：自从上初中以来，我女儿小夏学习成绩下降，喜欢和社会上的不良少年接触，经常说谎。一年多来，越管她越反抗，前段时间，有一次甚至发展到不回家。搞得我和他爹发动所有人到处去找，原来她是和一个小男生骑摩托到外面去玩，摔跤把头摔破了不敢回家。我们找到她以后，带她及时去做了治疗。

你看嘛老师，她头上还有一大块没长头发就是前段时间摔的，都摔成这样了，也就不忍心打她了。通过朋友介绍，知道王老师是心理专家，我们才决定带她来做咨询。

咨询师：您刚才说，这次因为骑摩托摔跤晚上没回家，又摔破了头，不忍心再打她了，能不能理解为您以前打过她？

母亲：是的。她爹工作忙，经常顾不上家。她只要跟社会上的那些小混混在一起，让我们知道了，就会忍不住打她。可气的是，越打，她跑出去玩的次数就越多，甚至说谎。有一次她说是和她们班的同学一起补习，晚上10点多都没回来，我和她们班同学联系，发现他们没在一起。找到她才发现，她是和一群比她大一点的男生骑着摩托在外面疯，他爹知道后暴打了她一顿。现在她上初二了，我觉得打也没用，越打越不听话。不管怎么打，她现在只是"鼓着"我（方言，类似于跟我对着干），也不哭不闹。小的时候打还会哭，现在越打越疲。老师，我们所做的一切，为她付出了这么多，她怎么就是不理解？

咨询师：妈妈说了这么多，小夏有什么要说的吗？

小夏：都给她说了。她从来都是把着说的，我什么都不想说。

咨询师：那这次来咨询，是谁先提出来的？

小夏：她了嘛！

咨询师：你妈妈提出来的你还愿意来，那你很优秀哦！

小夏：我不来她一天干訾干怪呢（方言，类似于怒火中烧）。

咨询师：在老师看来，你能来，表示你愿意作出改变和调整。

第五章　期盼的眼睛——忽视创伤

小夏：老师，我知道我自己的问题，她根本不知道她的问题。

咨询师：你是不是要表达，妈妈也需要做某些改变和调整，她也有她的问题？

小夏：是的，她的问题大了。

咨询师：你能不能说一下妈妈有什么问题呢？

小夏：我不想说。（然后沉默，陷入思考）

咨询师利用她沉默的空隙，对他们母女俩做了保密原则等心理咨询有关原则的介绍。然后告诉她们，接下来的咨询需要分别与母亲和小夏单独进行。

咨询师：现在请妈妈到休息室休息，我先和小夏单独交流，需要的话我们再一起交流。

母亲离开咨询室后，咨询师说：刚才给你们介绍了保密原则，现在，针对你刚才说的你妈妈的情况，老师想听听你的看法和想法。

小夏：老师，我很不喜欢她，说一套做一套，从小到大只会要求我。

咨询师：你能不能说具体一点？

小夏：她一天到晚就只会要求我，自己打扮得花枝招展，还以为自己很漂亮似的，其实丑死了。三天两头买衣服买包包，买的又不适合她。要求我不准和男生接触就算了，连有些女生都不可以接触。她越不让我来往，我就越要来往。她爱打就打，反正她越生气我越高兴，她如果再打我，我就不回家了。

咨询师：你不回家，你去哪里呢？和谁在一起？

小夏：我在我们的城市里有一伙朋友，其中有一个家里是开汽修厂的，我和他们玩得很好，他们也很照顾我，实在不行，他们说可以让我去帮他们洗车。

咨询师：玩得很好，指什么？算不算男朋友？还是普通朋友？

小夏：普通朋友吧！只是跟家里开修理厂那个男生关系好一些而已，算不上男朋友。其实我也不敢谈恋爱，我爸是公务员，很爱面子的。他总说不准早恋，我也不想太扫他们的面子。

咨询师：那你还是很顾及你父母的感受。

小夏：我觉得我还是顾及的，但是他们从来不顾及我的感受，只要我和这伙朋友在一起，他们总是打我。

咨询师：因为这个，你现在不愿意去上学了吗？

小夏：老师，其实我还是想去上学的，在社会上混，时间长了也没意思。只是我爸妈只顾及他们的面子，从来不考虑我的感受，不为我着想，我很讨厌他们的虚假，所以他们越不想让我做什么，我就越要做什么。

咨询师：你妈妈带你那么大老远地来咨询，说明他们也愿意做出某些调整。如果他们愿意做出某些改变或调整，你愿意接受或者是回到学校吗？

小夏想了一会儿说：她必须保证不再打我。

咨询师：如果妈妈做出这种保证，你能做什么呢？

小夏：我不知道。

咨询师：起码有一点你应该能够做到，你回到学校。其他的能够达成什么，我们又再说。

小夏：这个我好像能够做到的。不过我不太相信她能做到。

咨询师：这个我也不清楚，老师想先和你母亲交流一下再说。下次我们交流的时候，我希望你能和母亲一起，你当着母亲的面，把你的愿望和想法说出来，母亲也把她的愿望和想法说出来，好不好？

小夏：好的，老师。

咨询师：那么你去请你母亲进来，你在外面等一下好吗？

小夏：好的。

母亲进来。

咨询师：你们家小夏是一个很有想法、有主见的女生，只是可能是因为爸爸是公务员，你们对她的要求过高，以至于她做不到或不能按你们的要求去做，造成她和你们之间的矛盾。另外，您说过经常打她，她现在刚好进入青春逆反期，她开始反抗和要求自己独立，您还用过去那种简单粗暴的方式对待她，可能行不通了。

母亲：老师，这个我已经感受到了，过去打一顿还有用，现在打骂都没用了。不管打还是骂，她都"软鼓着"（方言，类似于暗自较劲）。我也不知道该怎么办了。

咨询师：在我看来，其实也不复杂，首先您必须做到一条，不管是什么理由，都不再打孩子。然后，我们一起交流学习一些和孩子以及家庭内部沟通交流的方式。通过学习，希望您能做出某些调整，借此带动孩子调整改变。

母亲：不打她我是能够做得到的，因为打也没有用，只是她和社会上的小混混在一起我们是真的着急。

咨询师：那您现在对小夏最大的愿望是什么？

母亲想了一会儿说：只要她能够回到学校上学，不和那些小混混混在一起，我就知足了。

咨询师：具体能不能实现我不知道，这个需要下一次小夏和您一起来咨询的时候具体交流，现在我和您交流一下您在家庭中的交流方式和注意事项。

严格禁止再打小夏；不在情绪中表达（滞后原则）。实在非要表达，就只能说自己当下感受，或者是情绪本身。比如说我现在很难过、我现在很生气等，直接说自己的感受或者情绪本身，而不是去指责对方；家庭是一个有机整体，在家庭内部，不应该只陷入好坏对错之争，不应该有一个裁判员在那里判定别人谁是谁非，丈夫出了问题，妻子也有责任，妻子出了问题，丈夫也有责任。那么，孩子的问题，父母也有责任，所谓快乐共同分享，问题共同分担。如果家庭里有这么一个判官，那么他或她会是家庭当中最累的，也是大家最讨厌的那一个，更糟糕的是，他或她的存在，只会将问题变得更加恶化。

母亲：王老师，您说得太对了！我就是这个判官，样样都是我管，出力还不讨好，我现在知道是什么问题了。娃娃现在这个样子，她爸一天就怪我。

咨询师：所以，作为家长需要做出主动的调整，请您回去后想想您自己能做出哪些调整。下周咨询的时候，我希望您能当着小夏的面表达出来，您作为妈妈能够做出哪些调整，希望她能认同。现在我不能保证小夏愿意回到学校，我们一起努力。

母亲：王老师，能不能明天咨询？我们是好不容易打听到您，专门坐飞机过来的。明天晚上的返程机票已经订好了，所以我希望明天能够再做一次咨询。

咨询师：心理咨询一般间隔时间为一周。你看，刚才还给你们母女分别布置了思考的作业，要留出时间来给你们思考。但鉴于您这种特殊情况，我们就明天上午再做一次咨询。

第二次咨询

第二天早上，母亲和小夏如约来到咨询室，我对小夏说，请你先到休息室等几分钟，我需要先和你母亲交流一下。

咨询师：请问您昨天考虑得怎么样？

母亲：老师，只要她愿意回到学校，什么条件我都可以答应。

咨询师：您能做到不再打骂小夏吗？

母亲：这个我保证能做到。

咨询师：万一小夏和那些社会上的小男生又来往，怎么办？

母亲：这个其实我也想通了，真的要来往，我挡也挡不住。为这事没少打她，打也没用。

咨询师：非常好！其实小夏只要能回到学校，如果她和同学搞好关系、认真学习的话，自然会与社会上的人逐渐疏远。她现在的这种做法，是青春期逆反的反抗行为。我认为，小夏其实是很聪明的孩子，只要你们调整好家庭的互动关系，她回到学校以后，慢慢会好的。

母亲：好吧，老师，我听懂了。

咨询师：那么，一会儿我请小夏进来，您能不能做一个主动的道歉？表达一下过去打孩子是不对的，就这一点就行了。

母亲：我尽量吧！

我请小夏进入到咨询室一起交流。

咨询师：你们经过了昨天一晚上的思考，现在希望你们母女俩各自表达一下你们的想法。

咨询室仿佛进入沉默状态，母女俩互相看着对方，好像在等待什么，没人主动说话。于是，我便开始引导。

咨询师对小夏说：妈妈表示，只要你愿意回到学校，她什么要求都可以答应。

小夏不屑地看了一眼妈妈。

咨询师对小夏说：你能不能说说你的诉求？

小夏：我就是希望她不要那么假、那么装。

妈妈突然说：姑娘，我昨天晚上想了一夜，我知道我错了，我打人是不对的，我发誓以后再也不打你了。我只希望你能够回去上学，我也不再盯着你的考试成绩，你只要能回去读书，能考几分算几分。

妈妈突然泪流满面，低下头，带着哭腔说：对不起！

小夏似乎被感动了，也有点不自然，转头看着咨询师说：我想回去上学。

咨询师：很好，王老师多加一个要求，除了读书之外，你还要在同学中交一两个朋友，这个作为一个作业，但是这个作业是不需要交的，你自己去完成。

我们的咨询到这里可以结束了，但是王老师对你有一个小小的要求，能不能和妈妈握个手？

小夏看着妈妈，似乎是在等待妈妈先伸出手来，妈妈还在哭泣。

小夏突然伸出手说：别哭了，有什么好哭的，我都愿意去上学了你还哭。

妈妈突然伸出双手，紧紧地抱住女儿，哭得更厉害了。

我暗想，母女的拥抱、母亲的哭泣应该是一种很好的体验和慰藉吧。不知道这对母女有多长时间没有拥抱过了，也许母女俩很长时间没有这种体验了。

咨询结束后的一年当中，母亲时常会打电话给我，通报女儿的情况以及她们关系的现状。女儿的情况总体很平稳，四年后，小夏顺利考上了大学。

咨询师小结

1. 爸爸妈妈由于工作忙碌，顾不上女儿的教育与陪伴。女儿一旦出现问题，母亲便采取简单粗暴的处理方式。到了青春期时，女儿终于反抗，甚至离家出走，结识社会青年，不愿上学，导致父母非常担心。好在他们及时寻求专业帮助，通过家庭咨询，孩子回到学校，顺利考上大学。

2. 家庭是每一个家庭成员的疗伤地、避风港、充电站，而不是家庭成员之间相互争斗的场所。家庭的重要功能是共同成长、共同分享快乐、共同分担化解困难。遗憾的是，很多现代家庭丧失了这种家庭功能，让家庭变为互相争斗的战场，为谁是谁非争斗不已。

3. 母亲和女儿缺乏有效沟通。通过咨询，学习体验沟通技巧，做出有益的调整。

咨客反馈

母亲：经朋友的推荐介绍，我们专程坐飞机找王老师咨询，这一趟来得非常值得。我原来总是认为孩子不懂事、不听话，一直责骂她，甚至打她。通过咨询，我才意识到我的行为方式有很大的问题，并导致了孩子的反叛。在王老师的指导下，我尝试改变我自己，现在与女儿的关系缓和了很多，她也比以前听话了。

第六章 自私的爱
——非爱行为与过度关注

阿德勒在《自卑与超越》中指出，由于自卑感总是造成紧张，所以争取优越感的补偿动作必然会同时出现。然而争取优越感的动作总是朝向于生活中无用的一面，真正的问题却被遮掩起来或避而不谈。假如一个人限制了自己的活动范围，苦心孤诣地要避免失败，而不是追求成功，那么他在困难面前便会表现出犹疑、彷徨甚至是退却。

在现实中我们看到，许多家庭养育孩子时，不是关注孩子成长的真实需求，而是把关注重点集中在成人对社会对生活的认知和理解上，或关注在家长自己成长过程中的缺失和不满上，有的把关注点集中在自己的情绪和情结上。家长以一种自我的、自私的爱来关注和要求孩子，说到底这是一种"非爱行为"的表现。令人叹息的是，许多家长并不自知。

一个普遍的现象是所有的关注重点都集中在孩子的学习成绩上，成绩好就一好百好，从而忽视了孩子的整体发展。

还有一个现象是，过度地宠溺保护孩子，一味地满足孩子的各种物质需求，忽视孩子的心理发展，使孩子缺乏正常的人际交往能力。在本章的案例中你会看到，孩子从小到大父亲都紧张地不让孩子与其他外人交往，过度限制孩子的人际交往以致孩子长大后与人合作的能力缺乏，产生自卑感。

有一些人终日追求个人的利益和优越感，他们给予生活一种私人的意义，认为生活就是应该是为他们而存在的。这类人要么是在成长中被过度关注、被过度满足、被过度宠溺；要么是在成长中某个方面或某些部分被过度关注，造成其他方面产生缺失或自卑，拼命地用某种自尊掩饰内心自卑。

在多年从事有关学生学业的咨询中，有两种情形比较多见。

一种是所有家人，爷爷奶奶、外公外婆、爸爸妈妈都过度关注被宠溺的孩子；另一种是家长只过度注重孩子的学业和学习成绩，而忽略了孩子其他方面的发展，从而形成"问题孩子"。本质上说，这类被过度关注学习成绩的孩子从另一个层面来看也是一种忽视创伤。除了学习成绩以外，诸如情感、人际关系、爱与被爱等社会适应方面的能力被严重地忽视了。大多数这类问题会在小学升初中、青春期、初中升高中体现出来。有些"问题"会在大学以后、工作以后或恋爱成家以后才显现出来。

阿德勒的个体心理学指出，生活中的每一个问题都可以归纳在职业、社会和性这三个主题下。长期的咨询经历让我们真实地体会到，人需要终生学习、终生发展。很多儿时发展中存留的潜意了的问题会在以后的工作、社会交往、恋爱婚姻中才显现出来，甚至有些问题自己终生不愿正视，而伴随自己一生。阿德勒告知我们："为了保持心灵的健康的状态，自我必须继续不断地恢复重建对自己的关系。"

过度关注或忽视都不是养育孩子的恰当方式。引用阿德勒《灵魂与情感》一书的说法："心理功能发展中的最大因素是兴趣。我们已经说过，能够妨碍兴趣的不是遗传，而是自己灰心或对失败的危惧。不用说，大脑结构是由遗传得来的，但是大脑也只是心灵的工具而已，而非其根源。""被宠坏的孩子绝对无法自立，因为他丧失了凭自己力量获取成功的勇气，居然总是野心勃勃。"大多数富有野心的孩子都是懒惰的，懒惰是野心再加上勇气丧失所造成的恶果；野心大得使人看不出其有现实的希望时，自然会令人心灰意冷。

案例八 不领情的孩子
——初二男生偷父母钱去网吧上网不回家

> 青春期的青少年,面对生理和心理的诸多变化,进入心理学范畴的逆反心理阶段,产生了对一切外在的强加力量和父母的控制予以排斥的意识和行为倾向,会表现出叛逆、敏感、缺乏情绪控制能力、行为冲动等现象。如果逆反心理比较严重,可能与家长和学校在青春期时的教育方式不当有直接的关系。

案例介绍

初二男生小张因不愿意上学,常常逃课去网吧上网,被母亲逼着一起来做心理咨询。

家庭背景:母亲是高级知识分子,父亲是公务员,他们对小张的要求很高,从小就灌输学习是第一位的观念。但他们只注重孩子的成绩,却忽略了孩子的情感、生理、心理等方面的需求,缺少必要的交流、沟通和关注,导致孩子缺乏自我管理能力。

母亲表述:小张从初二开始,沉迷于网络游戏中,导致学习成绩急剧下降。为此,父母控制他在家上网和玩手机的时间,但他隔三岔五以各种理由向父母索要额外的零花钱,只要钱一到手,便去网吧上网,有时候甚至夜不归宿。于是父母开始控制他的零花钱,他又因此和父母吵闹,最终发展到偷父母的钱去泡网吧。对于父母的管教,他根本就听不进去,并声称再也不读书了。

小张表述:我根本就学不进去,也不想读书,我想去学街舞,他们又不让,不打游戏我能干什么?

第一次咨询

对于是否应该给小张买手机,母子俩产生很大的矛盾。

母亲：王老师，你说嘛，像他这种情况，该不该给他手机，能不能给他手机？

咨询师：您先不要着急，买不买手机的事一会儿再说，我们先一起来交流一下小张的整体情况。

我把心理咨询的五大原则向他们母子俩进行了交代，分别征求母亲和小张的意见，设定咨询目标。母亲的要求是希望小张回学校上课，不再逃课。小张表示，人人都有手机，我的同学也都有手机，凭什么我不能有。

咨询师：今天既然你们母子俩一起来了，我们就一起先交流一下，最好能共同制定咨询的目标和方案，如果暂时定不了，待下次咨询的时候，根据保密原则，母亲和小张分别单独来咨询时，再制定各自的咨询目标和咨询方案。下次咨询原则上周六上午安排妈妈，周日上午安排小张。请你们遵守保密原则，互相尊重，不要好奇地打听对方的咨询内容和过程。如果有必要，我们会在之后的共同咨询当中，征得双方的同意，告知对方某些相关内容。那么，今天先听听小张同学还有没有其他想法。

小张：我就是想要手机，其他的我什么也不想说。

咨询师：假设有了手机，你还会去网吧吗？

小张低着头不表态。

咨询师等了几分钟，又问：为了去网吧，除了跟父母要钱或拿家里人的钱，你有没有拿（偷）过其他任何人的钱？

注：在咨询当中用"拿"来代替"偷"避免刺激咨客。

母亲插话：老师，据我所知，他只偷我们家里的钱，没有在外面偷过。

小张依然低着头什么也不说。

咨询师：你去网吧很开心吗？不去学校上课你会不会有紧张的感觉？

小张：我没有什么好紧张的，上网玩游戏时可以什么都不想，更不用听她啰唆。

母亲：王老师，你看嘛，他就是这样，我和他爸都是为了他好，他却嫌我们烦他。上小学时，他是个又乖又听话的孩子，学习成绩优秀，周围的同事朋友都非常羡慕我们。没想到上了初中以后，他就像变了个人似的，沉迷于网络游戏，成绩急剧下滑，这让我和他爸都觉得很没有面子，在同事朋友面前都抬不起头来。

小张：他们从来都是只顾他们自己的面子，根本不考虑我的感受，从小到大我所做的一切都是在满足他们的要求，没有一件事是我喜欢做的，我哪有心情上学。

咨询师对小张说：你考虑一下，你希望你的父母做出什么改变，你才愿意回到学校？在你父母做出改变之前，要有几条约定：第一，可以不去上学，但是也不能再去网吧；第二，可以每天在家上网，但同时你的作息时间要和上课时间一致。你同意吗？

注：虽然没提去学校，但是为他回到学校上课做准备，让他的生物钟和上学时间保持同步。

小张想了半天，看着他母亲没有回答。

咨询师问母亲：这样安排您能接受吗？时间可暂定为从今天开始，直到下周咨询。

母亲爽快地说：只要他不去网吧，我都可以接受。

咨询师和母亲注视着小张，咨询师示意母亲等待他的回答。过了一会儿，他似乎很不情愿地说："好吧！"

注：沉默技术是指在咨询中留出给来访者思考和平复情绪的时间。

咨询师对母亲说：请您回去后把您所有的社会角色用一张纸从上到下列出来，并注明每一种社会角色的特征是什么，写1到2个特征，下次咨询的时候我们要讨论。

下次咨询的时间是母亲周六早上 10 点，小张周日早上 10 点。可以吗？

他们表示同意。

第一次咨询结束。

咨询师随笔

母亲情况：

1. 强势妈妈。

2. 知识分子家庭。

3. 特别注重家庭的形象和面子，给小张造成很大的学习和精神压力，忽略了对小张情感、人格等方面的培养。

小张情况：

1. 上小学时，是典型的"三好"学生、乖乖男。

2. 上初中以后，学习成绩下降，导致厌学；不愿再按照父母的意志行事；由于学习成绩比较差，与小学相比，落差很大，以至于不愿意与同学交往，转而沉迷于上网。

3. 上初中以后，正值心理的过渡期，独立意识和自我意识逐渐增强，产生了人们常说的逆反心态，其实也是自我意识觉醒的开始，和父母产生了严重的冲突，只要是父母的要求，心理上都很抗拒。

咨询策略：

通过咨询，让家长的主动调整来带动小张的改变。

第二次咨询

周六上午 10 点，母亲准时来到咨询室。

咨询师：这一周小张的表现如何？是不是按照我们的约定没有再去网吧？

第六章 自私的爱——非爱行为与过度关注

母亲：老师，我家小张这一周真的没有去网吧了，也很少上网，但是也没有去上学。我观察他的状态就是整天睡觉，不睡觉的时候才会上网。好的现象是，晚上11点左右，当我提醒他，你答应过老师要遵守学校的作息时间，现在该睡觉了，他便上床睡觉。

咨询师：他还拿（偷）你们的钱吗？

母亲：老师，我和他爸都害怕了，一回家就先把钱包藏起来，或者锁进抽屉里，不敢让他有机会再偷我们的钱。但是他这样的状态，还是不去上学，我和他爸都感到非常着急。

咨询师：上个礼拜，我布置了一个作业，您做了吗？

母亲：我带来了。

咨询师：我看一下。

母亲所列的社会角色里有：妈妈、同事、妻子、老师、学生、朋友、同学……

咨询师：在您列出的所有的这些社会角色当中，您觉得有没有缺了一点什么？

母亲：王老师，我也是搞教育的，我觉得列得还是比较全面了，暂时还没有发现缺少了什么。

咨询师：您的第一个社会角色是什么？

母亲：女儿。

咨询师：非常好，您发现了吗，随着年龄的增长，您慢慢地丧失了您的性别意识，那就是"女性"。您无论是老师、同学、朋友……都有一个永远伴随您的社会角色特征，那就是女性特征。

注：强调性别角色认同，随着年龄的增长，女人男性化，丧失了某些女性特质。

母亲：真的是这样，王老师，您这么一说启发了我，随着年龄的增长、

工作、结婚、生子，我变得越来越强势，越来越男性化，女性的角色特征越来越模糊了。

咨询师：那么现在请把您列出的所有的社会角色进行排序，从你觉得最成功的或者做得最好的顺序依次排列，并标上序号。

她的排列顺序是：老师、同学、同事、姊妹、女儿……母亲的角色最差，排在最后。

咨询师：在家庭角色当中，您觉得您作为女儿，作为姊妹都还做得不错。那么作为妻子，您觉得自己做得怎么样呢？

母亲：王老师，至于妻子么，我自认为做得还是可以的。我和他爸各有各的工作，各忙各的事情，该尽的责任和义务我都尽到了。在学校的教学工作当中，我可以说是做得比较出色。我们对小张的要求就是希望他好好学习，给我们这个家庭争光、争气。

一面说，母亲一面抽泣，突然开始大哭。我把桌上的抽纸轻轻地推到了她的面前，静静地不干扰她哭泣——情感的宣泄与释放，对她的心理调整有好处。

母亲：不好意思，王老师，我教了那么多学生，有很多是从农村来的孩子，家庭条件非常差，但他们学习刻苦认真，还特别懂事，会关心家庭和父母。而我们孩子，我们提供给他的条件，在一般的城市家庭里算是非常好的了。而他一点都不领情，不顾我们的感受，成天上网，不去学校上课，这是令我最伤心的事情。想到这些，我就非常难过，觉得没脸见人。

咨询师：我能理解您的感受，您考虑过没有，为什么那些条件差的孩子读书认真努力，而我们城里的孩子，尤其是像你们这样的高知家庭的孩子却不爱学习。

母亲：可能是那些条件差的孩子要改变命运吧！

咨询师：作为一个心理咨询师，我见到过很多类似的情况，您说的也没错，那些条件差的小孩读书，从心理动力的层面来说，他们是在为改变自己的现状而读书学习。城里的孩子，特别是类似于您这样的高知家庭的孩子，生活条件优越，没有生存压力，他们会觉得是为了家长的期待而学习，不是为了自己而学习。因此，很多"三好"学生到了初中或者青春期的时候，学习成绩就会开始下降，并且特别的逆反。我所说的"三好"学生，是指小学五年级以前，老师说好、家长说好、邻居朋友说好的这种三好生。他们在成长的过程中，基本是按照家长的要求做一个听话的乖乖女、乖乖男。到了初中，学习和社会交往中需要独立思考、独立解决问题，这时候就产生了不适应，因此学习成绩下滑。前面这些问题从本质来说是没有形成独立的人格，缺乏独立思考和独立解决问题的能力。这个时候，学校、老师和家长如果只考虑学习成绩本身，反复强调学习成绩，就会导致孩子们开始厌学，他们内心会归因于是为了父母的、家庭的、老师的面子和要求所致。

母亲：王老师，您说得太对了。我只要一说话他就反感和不耐烦，我对他这么好，他怎么就感受不到呢？我该怎么做？

咨询师：我们现在需要讨论一下您的家庭角色问题。您作为妻子和母亲，您觉得自己做得怎么样？您和您先生在教育小张的过程当中，您管的多还是他爸管的多？

母亲：基本上是我管，他爸要么不管，要么只会抱怨。

咨询师：那您和您先生在家庭当中，哪一个更强势一点？

母亲想了一下说：他在家里什么都不做，基本上是我说了算，当然是我强势了。

咨询师：那么，就是说你们家小张，从您身上以及他爸爸身上模仿到的都是强势的、打压式的教育。刚才我们讨论您的角色的时候，女性化角色的主要特征，容忍、耐心、柔情、温暖等，您家小张都没有感受到或者体会到。而男性化的父爱的那些特征，比如担当、勇气、牺牲精神、勇敢、豁达等，他也没有感受到。相反，他从父母身上能够感受的只有成绩、分数、排名、面子观念等。只有学习好，父母才有面子，家庭才有光环，才会被认为是好孩子。这类孩子会认为学习不是为了自己，而是为了父母，所以他们逐渐丧失了自主性，也就丧失了学习和社会交往的能动性。现在您怎么看他沉迷于

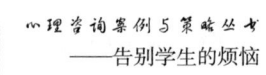

网络和不愿意去学校?

母亲：嗯，王老师，我有一点体会了。但是我还是不清楚我应该怎么做。

咨询师：我建议，您首先要学会停止抱怨，他的父亲也一样，特别是父亲的角色要作为一种威慑，大事讲原则，小事难得糊涂；您要逐渐放下以前那种强势的态度，用女性化的表达方式，最好是先默默关注，少说多做，不提无益要求，多给予理解和鼓励。当您要向小张提要求时，为了避免您和他发生直接的冲突，也为了更有效地达到目的，请先与我交流讨论，我们一起选择一个小张可以接受的方式。在亲子沟通中，方式比内容重要，态度比目的重要。建议从今天开始，您和您先生可以在钱包里适当地放一点钱，不用防范着小张，看看他还会不会拿，拿了还会不会再去网吧。

我相信您作为老师是很认真负责的，那么现在王老师请您考虑一下，妻子和妈妈这两个角色，您有哪些方面做得不够？下次我们来讨论。

咨询师随笔

1. 母亲作为高级知识分子，觉得自己教育培养了很多学生，学生们对她都很尊重、崇敬，偏偏自己的孩子出了问题，内心落差很大，很委屈，有严重的挫败感。

2. 社会角色僵化，主要重视职业角色，而忽略了妻子、妈妈等其他社会角色。通过两次咨询对母亲进行启发，她需要逐渐地重新定位家庭角色。

3. 通过交流和布置作业，引导其重新去认识妻子、妈妈等女性角色的特质和功能，让其发现自己在教育小张过程中的角色功能缺失。

星期天上午10点，小张准时来到咨询室，表情比上次明显地平和了一些，不再是那种很抵触的生气的样子。

咨询师：你能不能先谈一下过去这一周的情况？

小张：就那样，没什么好说的。

第六章　自私的爱——非爱行为与过度关注

咨询师：去学校了吗？

小张：懒得去。

咨询师：没去学校什么感受？

小张：没感觉。

咨询师：爸爸妈妈要求你去学校了吗？

小张：没有。

咨询师：我们的约定你做了些什么？

小张：什么约定？

咨询师：忘了吗？想一下。

小张：有什么好想的，不就是让我不要去网吧嘛！

咨询师：那你去了吗？

小张：没有去。

咨询师：很好，你能遵守我们的约定，这是一个良好的开端。其他方面你做得怎么样？

小张：什么其他方面？

咨询师：我们的约定里面还有一条，可以在家上网，但是要按照学校的作息时间作息，这个你做到了吗？

小张：没有做到。

咨询师：在家不去学校舒服吗？

停顿了几分钟……

小张：很无聊。

咨询师：上次让你思考了一个问题，爸爸妈妈要做出什么改变才能让你重新回到学校上课？

小张：他们不可能改变，即使改变也是装的，就是想骗我回学校，他们越是让我回学校上学，我就越是故意不去。

咨询师：这样会让你父母很难受，你不觉得吗？

小张：我就是要让他们难受。他们从来没有考虑过我的感受，只顾他们的面子，从小到大，我做的一切，都是为了他们的面子。

咨询师：你的意思是，你不是在为自己学习，而是在为父母学习，可以这样理解吗？

小张：是的。

咨询师接着说：如果你的父母不再要求你的学习成绩，你愿意回到学校吗？

小张：我还没想好……

停顿了一会儿，小张：老师你问我爸爸妈妈要做出什么改变，我才重新回到学校上课。我想到一个要求了，让他们给我买一个苹果手机，我就去上学。

咨询师：你们学校允许使用手机吗？

小张：学校不让，但是我觉得没问题，我们同学当中有手机的有很多。

咨询师：这个我知道，现在的问题是，其他有手机的同学会在上课时间使用手机吗？或者是否因为使用手机而影响了学习？这需要自控能力和自我管理能力，你觉得自己有没有这种能力？

小张：我当然有啊，这有什么好怀疑的，一点都不难。

咨询师：这个不是你说有就有的，这需要验证。我们能不能做这样一个约定，我们告知你母亲，你希望有一个苹果手机，但是你要用一个月的时间来证明你不去网吧，不拿（偷）爸爸妈妈的钱；这个月你必须回到学校上课，同时你父母不再要求你的成绩。如果你做到这几点，一个月以后，买一个手机给你，至于是不是苹果手机另说。据我所知，苹果手机很贵。

小张：我就是要苹果手机，老师，他们很有钱的。

咨询师：另外有个问题，听说你们学校在上课时间用手机要没收的，没收了不就可惜了吗？

小张：老师，你放心，我不会让这样的事情发生的。

咨询师：你很有自信嘛！那么你的诉求是，要一个苹果手机，不要求你的学习成绩，是这样吗？

小张想了一会儿，回答说：是的。

咨询师：你的这些要求，老师不能替代你表达，等我们下一次咨询时，邀请你妈妈一起参加，你自己把你的要求直接告知她，你同意吗？有几点要求，第一，在下次咨询之前，你不要和你的父母提这些要求，要当着老师的面来提；第二，回到学校这个月，不管你成绩怎么样，要遵守学校纪律，也就是不能影响他人，所有班级的活动都要参加；第三，最好能和一到两个同学成为朋友。

小张：这个可能做不到，因为我去网吧的事他们都知道，大家都不愿意和我玩。

咨询师：那你能想到的，你还能做点什么吗？

小张：这个我没有想过。

咨询师：好吧，这个算是我布置给你的一个作业，你回去认真思考一下。

小张：老师，这个不用考虑了，我现在就想换个学校上学。

咨询师：我知道你的处境很艰难，但你需要坚持一下，先度过我们约定的这一个月。你先尝试着重新回到这个班级，再难受也要忍耐，这也是你成长的一部分。其他事情我们下周再说。

小张：不行，除非他们帮我买手机，我才回学校。

咨询师：这样，我们把下周的咨询改到明天，我跟你母亲联系，如果你们能达成上面的约定的话，你就回学校，这样可以吗？

小张：哼，我就知道，他们让我来见你，就是让你劝我回学校的。

咨询师：你知道不知道，在我看来回不回学校并不是重要的，重要的是，我们能不能达成某种共识，包括你的父母。

小张：好吧，那就明天。

当着小张面，我与他的母亲联系，希望把原定下周末的咨询改到第二天，他母亲爽快地答应了。

第二天十点，母子俩一起来到咨询室。

小张把昨天的诉求全盘地跟母亲做了表达，母亲欣然地答应了他的要求。

只要小张回学校上课,在这一个月内不再去网吧,到时一定买手机给他。其他不再做要求。

我适时地向母亲建议要考虑孩子的兴趣爱好,比如他喜欢学习街舞,兴趣爱好得到满足对他的心理会有正向促进作用,母亲表示可以考虑。

之后,小张也把转学的要求一并提出来进行了讨论。妈妈表示理解小张的感受,可以考虑转学。

小张按照咨询中的约定回到学校上学,也没再拿父母的钱去网吧,妈妈也兑现了买苹果手机的约定。初三学年,小张转学到新的学校,结交了不少新朋友,不再沉迷于网络游戏;每周去参加一次街舞培训班,学习的主动性有了很大的提高,中考时正常地考取了普通高中。

母亲通过咨询,对自己的家庭角色做了调整,按照她的话说,通过咨询,重新学习,学会怎么做妻子,怎么做母亲,怎么做一个女人,学会做一个柔软的女人。

妈妈后续又做了三次咨询,交流如何与儿子相处。即使在家庭内部,家庭成员中也需要有边界感,各自要有一些独立的空间,尊重他人的意见和感受,这样可以改善家庭关系。

小张又做了两次咨询。小张觉得自己得到了认同,特别是父母对他有了认同感,感到很高兴。自己可以有自己的空间和兴趣爱好,生活学习有了动力。也学习尝试与父母平和相处,与同龄人交朋友,改善了人际交往能力。

咨询师小结

1. 小张母亲通过咨询提高了亲子沟通技巧。重新认识自我,重新定位家庭角色,改善了角色功能。

2. 小张通过咨询发生了行为上的改变,自我功能逐渐得到恢复,能为自己做选择并承担后果。

3. 咨询师聚焦于家庭动力、家庭成员,完善了各自家庭角色的定位,小张一家的家庭关系得到了明显的改善。

4. 通过咨询，让母亲意识到需要换位思考，放下部分自我，不能用自己的知识结构去强迫孩子，要站在孩子的位置思考和看待世界。

咨客反馈

母亲：作为教育工作者，我一直认为自己在教育方面比较成功，所以当孩子出现了问题，朋友推荐去心理咨询时，我内心还有一些怀疑和抵触。王老师专业严谨的理论和方法，完全打消了我的顾虑，通过咨询，王老师让我意识到我自己的角色定位对孩子的影响。我应该先改变或是修正自己，然后再去改善与孩子的关系，影响他、带动他转变。我照这方法去做，取得了很好的效果，与儿子的关系改善了，儿子也逐渐回到正轨上。

 不知该怪谁——女大学生吃菌中毒

> 投射效应，是把自己的心理特征如个性、好恶、欲望、感情、意志、情绪等投射到外部世界的人、事、物上，并强加于人的一种心理，认为他人也一定会有与自己相同的特性。投射效应是一种严重的认知心理偏差，其有三种表现形式：相同投射，愿望投射，情感投射。

案例介绍

本案例由上海一家心理咨询机构转介而来。咨客是一名海外留学生，名叫小月，女性，22岁，目前假期回到家乡，她主动提出想找咨询师做心理咨询。其父亲打电话来了解有关咨询师的资质、背景、咨询设置等一系列问题，咨询师询问为何不让女儿自己联系，父亲找了一些借口和托词，推说女儿不方便联系。咨询师觉察到这位父亲的焦虑和担忧，认为自己必须先考察一下

咨询师，再决定女儿是否前来咨询。当晚，小月的母亲打来电话，描述了小月一个月前吃野生菌中毒，好在及时就医治疗，现在身体状态已无大碍，但情绪上还是经常感到紧张、焦虑。然后预约了第二天的咨询时间。

注：通过父母代替预约的方式可以观察到，家庭关系呈现出父母过多的替代。

第一次咨询

次日上午十点，一家三口如约来到咨询室。父亲话很多，语言密集地讲述女儿成绩优异，他们如何把女儿培养得如此优秀，周围人都非常羡慕。最后强调，女儿只是这次吃菌中毒后才不敢独自进行社会交往，以前并不是这样的。

咨询师给一家三口介绍了心理咨询的相关原则，介绍结束后，女儿提出希望单独咨询，于是咨询师请父母到休息室先休息一会儿。

咨询师首先询问小月吃菌中毒的情况，小月表示家里其他一起吃菌的人都没有中毒，只有她一个人中毒，已经过去一个月了，毒素引起的各种生理问题已经消失，身体功能恢复了正常。

咨询师和小月接着聊到了目前的心理状况。小月自述从海外回来后足不出户，与任何人都没有交往。

咨询师：你父母说你因为吃菌中毒，情绪波动需要咨询，按你的说法，王老师能不能理解为我们的咨询跟吃菌中毒没有什么关系？

小月：是的，他们总是大惊小怪，吃菌已经一个多月了，要有问题的话早有了。我说要咨询，他们不同意，他们认为做心理咨询仿佛就是有神经病似的。我只有说吃菌中毒有心理生理不适，需要做心理咨询。

咨询师：哦！也就是说你父母对心理咨询不够了解，不认同你做心理咨询。怎么是上海一家心理机构推荐的呢？

小月：我在上海实习，联系过上海的这家心理平台。上周我跟他们打电话，希望他们推荐一家我们当地的咨询机构。他们给我推荐了您。

咨询师：那我们得商定一个咨询目标，起码要定一个咨询的方向。你能不能说一下你咨询的目的是什么呢？

小月：老师，我一下子也说不清。我这次回来，爸爸妈妈显得特别关心我，希望我能够和各种同学、朋友交往。不知为什么，我就不愿意和过去的这些人来往，和他们有一种格格不入的感觉。

咨询师：跟同学也不交往吗？

小月：我觉得和他们玩不在一块。

咨询师：你认为是什么原因呢？

小月：我觉得没必要，没意思。

咨询师觉察到父亲对女儿的过度保护和替代倾向，问道：你和父母的关系如何？

小月：习惯了。从小他们对我的管理就很严格，只注重学习，只要学习好，一切都好。

咨询师：你以后打算在哪里工作？

女儿：北京或者上海，但爸爸很希望我回到家乡发展。

咨询师：对于即将毕业进入社会，你有什么感受或想法？

小月：不知道会是个什么状况，可能还是会听父母安排吧。

咨询师：你谈过恋爱吗？

小月：没有。

咨询师：想谈吗？

小月：太想了，但是这件事我无法做主，都是我爸说了算。

咨询师：这次回来你父亲让你去和各种同学交往，你为什么不去呢？

小月：哦，他想让我和同学交往可能是想让我回到家乡工作吧。以前他一听说我和男同学来往就跳得八丈高。

咨询师：在国外你有好朋友吗？或者和异性有交往吗？

小月：有同性朋友，和异性没有交往。

咨询师：哦！好的。你喜欢看情感类的书或影片吗？

小月：从来没有。

咨询师：现在你面临的任务是完成学业、顺利毕业以及如何融入到社会中成为一个独立的人。带着这些议题，你可不可以试着完成一个作业：在你回学校之前，每周与初中或高中的一两位同学取得联系，进行一些有益的社交活动。

小月：老师，我真的不擅长社交，我要怎么跟他们相处呢？我参加过一次同学聚会，他们聊的话题，他们的玩法我都不适应，或者不喜欢。

咨询师：你能说具体一点吗？

小月：他们总是议论别人的男朋友、老公，谁又找了有钱的富二代，各种喝酒唱歌调侃。我觉得完全融不进去，自己像个局外人。

咨询师：你可以试着找到你们共同的兴趣爱好，还可以参与到别人感兴趣的事情中去。比如，做别人喜欢吃的东西，看他们喜欢的电影。当你试着去体会别人的快乐和悲伤，走进对方的世界的时候，才会产生共鸣。

小月：这样我就不能做我喜欢的事了，并且很浪费时间。

咨询师：很多时候，我们在社会交往当中，只考虑自己的感受，不考虑别人的感受，交往就会变得困难。我们要避免你爸爸对你的方式，把自己觉得好的强加到你的身上，而不考虑你是否喜欢。另外你需要与父母讨论，哪些事情是你自己应该可以做主的，提出你的需求。你已经成年了，要学着自己为自己做主，自己为自己负责。

小月：家里的那些事情，我倒是一点都不反感，我喜欢他们对我的安排。

咨询师：你在国外会自己做饭，那你思考一下，在家里哪些事情你可以做主。比如尝试着为全家人做一顿饭，或者你安排一次家庭的集体活动。

小月：这我可以做，但不知道我爸同不同意。

咨询师：我会就此事和你的父母交流。

与小月的咨询结束后，咨询师与父母单独交流了十多分钟。告知父母小月可能因为在国外上大学，这次回来觉得难以适应国内的社交方式和现在同龄人的玩法，有某种焦虑倾向。她有希望被父母安排，又怕被父母安排的心理。

咨询师：希望下周你们家吃什么饭由女儿来做决定，并由女儿具体操办。

这一建议遭到了父亲坚决的反对。咨询师邀请父亲单独咨询一次，父亲犹豫，表示考虑一下再说。

咨询师小结

通过第一次交流，发现父母过多地替代做主，女儿习惯于被替代、被动思考、被动行为方式中，基本上处于以父母的意志为主的状态，而父母还觉得很享受这种状态。通过交流和布置作业，要促使女儿建立独立的人际沟通能力，逐渐意识到她的思维和行为模式过于依靠父母替她做主，特别在人际交往中表现得退缩回避，思维模式只停留在儿童阶段。

对家长的启发

通过介绍咨询原则，让他们了解家庭成员之间是有边界的。他们整个家庭，特别是父母和子女之间缺乏边界感，造成女儿严重地回避人际交往，缺乏独立思考和独立行为能力。

第二次咨询

父亲和母亲一起前来咨询。

咨询师：很高兴见到你们。人的每一个发展阶段都有不同的任务，女儿有些方面的发展是有欠缺的，尤其是青春期的主要任务是将恋父情结转向外在。您女儿在这个阶段，没有实现这种转变，现在面临人际交往的各种问题，特别是不知道如何与异性交往，表现为与她这个年龄不符的退缩行为。

> 注：恋父情结，中译名为"奥列屈拉情结"，弗洛伊德精神分析术语，指女孩恋父仇母的复合情绪，是女孩性心理发展第三阶段的特点。在这一阶段，女孩对父亲异常深情，视父亲为主要的性爱对象，而视母亲为多余，并总是希望自己能取代母亲的位置而独占父亲。

母亲强烈指责父亲对女儿管得太死了，觉得女儿很漂亮很优秀，而且花了那么多精力和钱培养她，舍不得、不愿意放手。

咨询师：女儿对异性好奇是正常的，建议你们在对女儿生理心理保护的前提下对女儿进行性知识的普及教育。另外我们可以提供转介资源，推荐合适的女性咨询师给女儿，避免父亲的顾虑。

父母都表示没有必要转介。

咨询师：给二位布置一个作业，你们要去学习并完成，不需要再反馈给我。你们学习一下"非爱行为"这个概念，请二位把在家里你们认为的非爱行为列出来，互相交流讨论。

第二次咨询主要目的，是引导父亲反思是否应该把所有的情感倾注在女儿身上，并鼓励其适度放手。

咨询师小结

1. 父亲习惯性地过分溺爱和替代女儿做各种决定。女儿除了学习方面比较优秀，人际交往、独立思考能力都相对比较弱，而父亲刚好很享受女儿什么都要问父母、让父母代替做决定的状态。父母一直认为只要学习好就可以替代一切，不愿意做出改变。咨询师通过交流，希望父母能够意识到孩子需要健全的人格和独立成长的空间。

2. 从与父母的交流对话可以感受到，母亲也发现女儿从心理上过分地依赖父母帮她做决定，而父亲恰巧从内心深处不希望女儿独立，他觉得帮助女儿做决定，他自己才有安全感。

先后又与小月进行了两次单独的咨询，主要是检查作业的完成情况，以便适时调整咨询目标。

第五次咨询

小月：最近和高中同学有所交往，但还是觉得和在国内上大学的同学显得格格不入，特别是当他们谈论关于恋爱的话题，我感到又好奇又反感。

咨询师观察到小月在讲述情况时明显比前几次平和了许多，不再有那种不屑一顾的表情。

咨询师：与家人一起做饭的事配合得怎么样？

小月：配合得很好，但是与同学的交往，只要有男生，我爸还是会很紧张，所有细节都要打听清楚。另外我感觉其他人也不太喜欢我。

咨询师：你有喜欢的男生吗？

小月：没有。

咨询师：你对男生感到好奇吗？

小月：我太好奇了！

咨询师：那你觉得下一步你能做些什么？

小月：我不知道。

咨询师：其实这几周你做到了很多之前觉得不可能的事，例如跟高中同学聚餐、看电影等。那么接下来与同学的交往，当然我指正常的社交形式，不论是男生还是女生，你都可以照常进行，要适度地耐受住交往中可能产生的一些不适，这是你成长的需要，这个作业需要继续进行。

小月：我会从这方面去关注和努力的，我感觉我被爸爸妈妈管得太傻了。

咨询师：在人际交往的尺度上，我相信你有自己的判断和评估。值得注意的一点是，在与异性交往特别是在恋爱中，得与失都是正常的。比如说吃菌，我们都知道菌可能有毒，吃了可能会中毒，我们还是会去吃菌。谈恋爱也可能会受伤，就算一般的社会交往也可能有不开心的体验，但是不能因为害怕受伤就拒绝开始。恋爱和人际交往是过程论，没有绝对的成功和失败，重要的是你要去经历和感悟它们。

第六次咨询

小月在即将离开家乡返校之前来做了最后一次咨询。

小月：老师，我以前按照父母的要求活着，感觉自己就是一个学习机器。按部就班地成为学霸，让我父母在别人面前非常骄傲自豪。但通过和您的交流，我发现我只是在满足父母的愿望，可是在其他方面真的太弱了，特别是与异性的交往。

咨询师：你有这些认识，说明你成长了。之前王老师给你布置的作业，每周一到两次的社交，你最近还在进行吗？

女儿：老师，约爸爸妈妈一起看电影算不算？

注：咨询师观察，来访者如果约父母来完成这个作业的话，也将促使父母去反思，让父母也意识到女儿是缺乏社会交往能力的，只能约到父母。

咨询师：算。除了爸爸妈妈还有其他人吗？

小月：有的。还有几个男生也一起出来了。

咨询师：很好。与男同学的交往有没有什么新的感受？

小月：老师，我说不太清楚，总之是很矛盾，特别想和他们走近一点，但是又特别怕。

咨询师：怕什么？

小月：我有想过和一个男生单独相处，又怕他占便宜，通过与您的交流，我发现这是一直以来父母灌输给我的观念。上次我爸跟您谈完，其他方面他都所有改善，但还是很反感我跟男生出去玩。上周因为我晚上想出去玩，我爸就发脾气了。他什么都要打听，甚至随便进我的房间，翻我的抽屉。为此我和他发生了冲突，这是我人生第一次。我明确告知他们以后不可以随便进我的房间，一气之下我还把抽屉上了锁。

咨询师：抽屉上锁是你有自我保护意识，更重要的是你的想法，一个成人需要独立的行为、情感和思想空间，那么你觉得自己应该如何与父母相处呢？

小月：老师，我也感觉到了，你这么一总结，我更确定了，我应该有自己的空间。最近和同学交往，发现他们跟父母的关系不像我这样，他们比我自由，他们还可以去逛酒吧，凌晨了还不回家。而我，还不到十点钟就被家里打电话来催，我要是告诉我爸是在酒吧的话，他肯定会爆炸，我只能说是在同学家看电影。我希望以后如果跟父母一起生活，能为自己做主。

咨询师：我能感受到你明显的成长和进步。现在你要思考的是，即将回到学校，你还能做些什么？留几个作业我们一起讨论一下。

第一个作业：在网络上查询和学习一下"非爱行为"这个概念；

第二个作业：在毕业之前交两到三个朋友，至少有一个男生；

第三个作业：希望你通过自己的提升和成长给你的家庭带来正向的影响，特别是要改变你父亲对待你的方式。

小月表示她会认真对待这些作业。

咨询师小结

1. 在咨询开始时强调咨询原则，首先是为建立良好咨访关系打牢基础，其次也是为了明确亲子关系间的边界作用。

2. 咨客看似是因为吃菌中毒产生的情绪反应前来咨询，咨询师评估是社交障碍，由父亲的非爱行为导致的社交障碍。

3. 心理健康及亲子关系心理知识教育，普及"非爱行为"。

4. 识别及呵护来访者自我成长的需求。对于叛逆、树立边界等巩固自我的行为的萌发，咨询师要善于觉察并合理引导。

5. 父母把自己的愿望寄托在女儿身上，女儿属于邻家女孩式的乖乖女，从小习惯听从父母的安排，马上要大学毕业了，才意识到自己的人际沟通能力特别是与异性交往的能力很差，却对异性有强烈的好奇心，产生自卑和恐慌心理，习惯于不和父母发生冲突，所以提出来咨询，咨询本身就是一种对父母的反抗和争辩。

6. 借吃菌中毒的生理反应来逃避父母的说教。

咨客反馈

小月：我其实很矛盾，一方面是习惯了父母的安排，依赖他们为我做决定；另一方面，又想自己独立，却又什么事都不会，也不敢做，很难受。通过王老师的咨询，我理解了是因为我缺乏人格的全面发展。应该一步一步学会独立，从不依赖父母开始，从与同学们交往开始。现在我好了很多，虽然做得还不是很好，但不会为这事那么焦虑了。

第七章　爱的港湾
——婚姻问题

在美国精神医学学会出版的《精神障碍诊断和统计手册》第5版（DSM－V）中引入了诊断条件"受父母关系痛苦影响的儿童（CAPRD）"，指出儿童可能会对父母的夫妻关系冲突、父母间暴力、激烈的离婚或对父母间的相互言语贬低做出反应，表现为行为、认知、情感或身体上的症状增加。在父母婚姻冲突家庭中的儿童面临严重的精神健康问题和未来精神障碍的风险，无论是强调言语和肢体暴力对儿童心理健康的不利影响，还是认识到儿童可能受到父母（照顾者）之间冲突的影响，其中不和谐的程度不一定涉及身体或言语暴力，但仍然构成长期的逆境，将儿童的心理健康和未来发展置于危险之中。许多慢性的、未解决的和反复发生的婚姻冲突会导致充满敌意的家庭环境，会对家庭、夫妻和孩子造成极大的伤害，会降低家庭成员的安全感和幸福感，增加亲子间的冲突，并直接破坏亲子关系，使整个家庭关系状态进入恶性循环，对孩子的发展产生长远的负面影响。

在家庭教育理论及心理学中的家庭治疗流派案例调查中，无数案例表明，婚姻矛盾首先是对孩子心理健康产生影响，父母的矛盾冲突是儿童与青少年心理疾病的危险因子，在充满矛盾与争端的环境中长大的孩子，更容易出现行为与心理失调的问题。

其次是对孩子学习能力和社会交往的影响，除了心理问题之外，父母的矛盾冲突也会导致孩子的学习困难问题，如更容易出现注意力不集中的现象。长期处于没有安全感的环境中，可能会破坏孩子的心理调节能力与人际关系处理能力。

在充满冲突环境中长大的青少年较正常家庭的青少年，社会交往能力较弱，有时会出现无法沟通、无法妥协、自我调节困难和容易冒犯他人的行为，常常会导致其无法融入主流朋辈群体。

家庭是孩子学习人际关系技能和社交互动模式的第一个场所，孩子与社会的关系就是自己和父母关系的投射，父母的婚姻关系状态影响着孩子未来的婚姻关系状态。家，是人生的港湾，父母只有处理好婚姻关系，孩子才能感到身后的港湾是安全稳定的。

父母的相处模式中，藏着孩子的未来。父母互相尊重，互相欣赏，成就彼此，足够相爱，孩子才会足够幸福。

本章节的案例，汇集了几类中国家庭常见的问题。呈现了父母的冲突尤其是充满敌意、恶意、威胁、侮辱等破坏性的暴力沟通行为，导致孩子自尊心低下、易怒、自卑、焦虑、抑郁，产生睡眠障碍问题以及攻击等行为。父母情绪的不稳定性使得孩子在与父母沟通和互动时会更加谨慎，内心充斥着不安、恐惧和痛苦，甚至对自己产生负面评价，其孤独感和压力感会逐渐增加。

 孩子的心思

——五年级男生疫情得到控制后不愿去学校

> "假装长不大"，是一种心理结构。由于父母的矛盾和双方的不对等，孩子对家庭的安全性产生了"幻想现实"中的恐惧，担心父母有一方被淘汰。于是选择"长不大"的行为，目的是希望获得父母双方的关注与照顾，以保护父母中弱势的一方，从而维持家庭的完整。

新冠肺炎疫情暴发以后，全国的一些学校从 2020 年 3 月起开始停课，学生们改为在家使用网络上课。疫情得到控制后，学生返校上课时，五年级的男生小磊却不愿意返回学校，拖了三周，还是不愿意去学校上课，妈妈很着急，于是带他来咨询。

第一次咨询

母亲：老师，现在学生已经返校上课了，这孩子，也不知道为什么，他就是不愿意去学校上课，喜欢上网课。跟他交流他也不说，我和他爹做了他很多的工作，可是他还是什么也不说。现在学校要求返校上课，他不去的话，担心他学习跟不上，我们全家都很着急，只有来求助专业的心理辅导了。

咨询师：小磊同学，今天来咨询，是妈妈要求你来的，还是你自愿来的？妈妈征求你的意见了吗？

小磊不说话，用怀疑的眼神看着我。

母亲：老师，是我要求他来的，好不容易他才同意一起来。

咨询师：哦！那就是小磊同意的了。

母亲对小磊说：王老师是我们心理界的专家，你为什么不愿意去学校上学，不愿意和我们说，可以跟王老师说。

孩子低下头，仿佛什么都没有听见。

咨询师：你和妈妈有求助意识非常好，心理咨询有一些原则，其中一个是有诉求的原则（不求不助的原则）。自己要有意愿，你能和妈妈一起来咨询，这是很好的事情。还有一个重要原则叫作保密原则，是心理咨询最重要的原则。所谓"保密原则"，是在我们的咨询交流中，有可能会涉及你某些内心不愿让妈妈爸爸知道的想法，或是某些你认为是你自己的隐私，不想让其他人知道，我们都有保密的义务。刚才老师和妈妈跟你说话，你都没有回应，我猜是不是因为妈妈在场你不愿意交流，那么我们先请妈妈出去，你和老师单独交流好不好？

小磊低着头不置可否。

咨询师：我们的咨询可能需要单独咨询，也可能需要一起咨询，这个要根据实际情况来选择，现在请妈妈去休息室等候一下，我先和小磊同学单独交流一下。

妈妈离开咨询室以后，咨询师问小磊：你能不能介绍一下自己的基本情况，你现在上几年级，在哪个学校？

小磊：我在×××小学上五年级。

咨询师：疫情前和同学关系好吗？在班上有没有好朋友？

小磊：有好朋友的。

咨询师：那现在开学了，你不想你的同学和好朋友吗？

小磊：老师，我们这一个学期都在上网课，经常在网上聊天。

咨询师：疫情以前你都能正常地去学校上课，是不是？

小磊：是的。

咨询师：那么现在你为什么不愿意去学校呢？你能不能说说这一年发生了什么？

小磊低着头不说话，似乎在思考什么。

等了几分钟。

咨询师：这一年有什么状况吗？按照老师的理解，这么长时间不去学校，没能见到同学、老师和朋友，现在疫情得到了控制，终于可以正常上课了，大家都会很高兴回到学校。你却不愿去学校上课，好像不太合理，你觉得呢？

小磊低着头看着自己的手，不说话。

咨询师：是不是有什么不好说的呢？

小磊：老师，你刚才说会保密，你真的不会告诉我父母吗？

咨询师：这是我们心理咨询的原则，涉及你的隐私或者你不愿意让别人知道的事情，老师要尽到保密的义务。如果要告诉你的父母，也会征求你的意见，得到你的认可，或者我们会找合适的机会由你自己来告知你的父母。像老师这样几十岁的人了，到现在也有很多事情不愿意和父母说。

小磊：你那么大了，当然不用和父母说啦。

咨询师：哦，你还是很有思想的嘛！这一年不去学校是不是很好玩，很爽？

小磊：不是。不但不好玩，我还很烦。

咨询师：那你能不能说一说烦什么？

小磊：他们天天吵架，还以为我不知道。

咨询师：你说的他们是谁？你能不能说说疫情期间在家的故事？

小磊：我爸妈天天吵架，有时候半夜三更还在吵，他们以为我不知道。其实有时候我还没有睡着。

咨询师：他们吵架你就不去上学吗？

小磊：不是的，老师。有一天我听到我爸说，要不是因为我，他早就和我妈离婚了。

咨询师：哦，你接着说，你是怎么看待他们这种吵架的呢？

小磊：我觉得我爸特别怕我妈，只要他们一吵架，我妈就会怪他，说你要做儿子的榜样，我爸说："我在你面前，大气都不敢喘，我还做什么榜样，只要我一管儿子的事情你就要挑剔，不仅挑剔他，还要挑剔我。"

咨询师：在老师看来，在一个家庭当中，包括夫妻之间，有矛盾是正常的，但这也不是你不去上学的理由呀！

小磊：他们两个都很爱我，我担心哪天我从学校回来，他们就已经离婚了。

咨询师：至于家长离不离婚和你的担心没有必然的联系，你刚才说的这些，老师来总结一下，爸爸妈妈经常吵架，导致你担心他们可能离婚，是这样吗？你怕哪天从学校回来他们已经离婚了，所以不愿意去学校，在老师看来这些问题都是问题，你觉得还有其他问题吗？

小磊：我很害怕我的好朋友和同学知道我们家的这种情况。

咨询师：知道了会怎么样呢？

小磊：我就是不想让他们知道。

咨询师：你是不是不愿意让你的好朋友知道你们家的问题，特别是爸妈发生的这些矛盾？知道了会怎么样，是不是会没有面子？

小磊：就是这个了，所以我不愿意让他们知道。

咨询师：还有其他问题吗？

小磊：我觉得我经常玩手机，上网玩游戏，他们两个关系才会好一点。

咨询师：那老师能不能这样理解，你是故意的了？

小磊：是的，他们两个都来盯着我，我虽然很难受，但是他们可能不会一下子离婚。他们两个好像只有在对付我时才能保持一致。

咨询师：还有其他吗？

小磊：没有了。

咨询师：在老师看来，爸爸妈妈吵架，你担心他们离婚；你不去上学，怕同学知道你家里的情况，这些都是问题。但是我认为问题是问题，问题不是你。你是你，问题是问题，你不是问题。

现在，我们假设发生了一个奇迹，这个奇迹发生以后，任何问题都可能不存在了，你最希望不存在的问题是什么？这个奇迹是什么？或者问题都不存在了，你会做什么？

注：咨询师此处使用了叙事疗法技术。叙事疗法是受到广泛关注的后现代心理治疗方式，它摆脱了传统上将人看作为问题的治疗观念，透过"故事叙说""问题外化""由薄到厚"等方法，使人变得更自主、更有动力。透过叙事心理治疗，不仅可以让当事人的心理得以成长，同时还可以让咨询师对自我的角色有重新的统整与反思。

小磊：如果发生一个奇迹……

小磊陷入了思考，咨询师等待中……

过了一会儿。

小磊：我爸妈不会离婚，不再吵架，我又可以玩手机，学习成绩又好。

咨询师：非常好，那么这个奇迹事件你认为会是什么呢？

小磊：我想不出来。

咨询师：想不出来没关系，假设你做了一个梦，梦醒来后你刚才说的愿望都实现了，你能不能具体描述一下你希望在家里发生什么样的情况？

小磊：我希望我妈做好早点以后，我爸妈和我，我们三个人一起吃早点。

咨询师：现在你们不一起吃早餐吗？

小磊：我妈只做我和她的早点，我爸都是自己出去吃。

咨询师：嗯，如果是你期待的情况，那你会怎么做？

小磊：我希望我爸和我们一起吃早餐，他送我去学校。

咨询师：通过刚才的交流，老师觉得你内心还是希望去学校的。

小磊：是的。

咨询师：那么你为什么不希望是妈妈陪你去学校呢？

小磊：我太烦她了，总打听各种事情了，我只希望她对我爸好一点。

咨询师：父母的问题是父母的问题，你的问题是你的问题。比如你明天要听写单词，父母再关心你、爱你，也不能替你去做，对吧！父母的问题也不是你能够解决的。同样的，他们吵架了或者有矛盾，你不去学校或者打游戏也帮助不了他们，反而会带来某种负面作用。你要相信你的父母，作为成年人他们会处理好自己的事情的。现在请你思考一下，你要怎么样才愿意回到学校？

小磊：我知道我该去上课的，我无论如何都应该去上课的。

咨询师：很好，那么老师给你一个建议，你对家庭的一个重要贡献是，你回学校去上学，并且像一个成年人一样做好保密工作，不要和你的同学说你家里的情况。不要让他们有机会议论，这是一个你成长的过程，你只要管好你的嘴，你的担心都是多余的。你处理好你自己的事情，也要相信你爸妈会处理好他们的事情。老师会和你的父母做一些相关的交流沟通，你安心做好你自己的事好吗？

小磊：好的。

第二咨询

咨询师要求父母做咨询，但是只有母亲单独来了，父亲没来。

咨询师：儿子去学校上学了吗？

母亲：去了，老师。

咨询师：通过与您儿子以及与您的交流，想和您沟通一下，你们夫妻之间的一些情况对儿子情绪有影响。相关的问题，我们需要交流一下，您愿意吗？

母亲：可以的，老师。

咨询师：您和孩子的父亲是不是经常吵架？

母亲：是的。

咨询师：是不是当着孩子的面经常吵架？

母亲：没有啊，老师，我们还是很注意的。我们一般都是等孩子睡了才吵。

咨询师：我们大部分家庭的家长，都会认为他们的很多说法做法不会被孩子知道，其实，有意无意间他们的一些情绪会在日常生活中表现出来，孩子一定会感受到的，而且很多时候孩子的敏感和紧张状况就来源于家长的伪装。其实孩子是能够感受到家庭当中的氛围的。

据我所知，你们半夜三更吵架孩子是知道的，而且给孩子造成了某种伤害。孩子甚至担心你们会背着他去办理离婚，这可能是孩子不愿意去学校的一个诱因，因为他觉得他是你们夫妻之间链接的纽带，所以他不愿意离开家。

母亲：老师，我们吵归吵，说归说，我们不会离婚的，他爸没有这个胆量。

咨询师：你们夫妻之间的婚姻问题不是本次咨询主要讨论的问题，但是王老师要给你们一点建议。

第一，你们不要当着孩子的面争吵，这是必须的；第二，在家庭的交往当中要坦诚真实，对于你们父母的角色定位，需要去研究一下，把你们各自的角色真实坦诚地表现出来,这是对孩子的正向引导;第三,无论你们夫妻俩对你们的婚姻做任何决定,都要把孩子考虑进去,哪怕不会离婚也要坦诚真实地告诉他;第四,家庭内部应该是每个家庭成员的港湾,只有运动员,没有裁判员,就像一个球队,有问题是整个队的问题,并不是哪一个球员的问题。你们夫妻之间经常吵架,您觉得您可以做一些调整吗?您是怎么考虑的?

母亲:我们也不知道该怎么办,吵了很多年了。

咨询师:如果您不知道怎么办,那么我推荐一个做伴侣治疗的咨询师给你们,针对你们的夫妻关系去做一个专业的咨询。

母亲:王老师,我相信您,还是愿意您做我们的咨询。

咨询师:您先生为什么没来?

母亲:他说我们家是我说了算,我来就行了,他不用来,也不想来。

咨询师:您也这样认为吗?

母亲:我是强势一点,这么多年来,我们家基本都是我说了算。

咨询师:您觉得您儿子知道这个情况吗?如果他知道了,他会怎么想?

母亲:应该知道的吧!至于怎么想嘛!应该习惯了吧。

咨询师:这就是孩子不愿去学校的直接诱因。他认为,你们只有在针对他的问题时才会保持一致。孩子还担心你们会背着他离婚。

母亲:我们吵归吵,但从来没有想过要离婚。

咨询师:吵架时会不会把离婚挂在嘴上?

母亲:有时候会的。但我们都知道只是说说而已,不会真那样做的。没想到会影响到孩子。

咨询师:成年人的表现,特别是父母的互动模式一定会影响到孩子的成长。无论家长们如何掩饰,孩子一定能感知到。因为您先生没来,看看您能不能先做一些调整和改变,让孩子和您先生感受到您的调整,从而带动他们的调整。

母亲:可以啊,只是我不知道怎么调整。

咨询师：首先，尽量不吵架。你们觉得孩子不知道，其实孩子是知道的，并且为你们吵架而痛苦担心。第二，做一些一家三口的集体活动。比如，一起运动，一起看电影，周末一起游园等。有可能的话每周做两到三次和孩子一起学习的活动，一起练字，或读一篇孩子感兴趣的课外读物，诗歌、散文、漫画、小说、故事等都行。对了，要尽量做到一家三口一起吃饭，包括早餐。所有的活动尽量让孩子或是您先生说了算，您要少说话。第三，尝试着学会柔软下来，当遇到问题情绪激动的时候，要提醒自己暂时不表达，这叫"滞后处理原则"。慢慢练习过三分钟之后再说，三十分钟后再说，三小时后再说，三天后再说。总之，要学会控制自己的情绪。第四，可能对您的家庭和儿子的改变都会很有效的是，您要学习尊重您先生，您儿子会很看重这一点，这对您儿子的男性气质培养也很重要。因为，小孩的许多特质是模仿习得来的，孩子的许多男性特质正是模仿父亲而来的。

母亲：老师，我倒希望他不要像他爸那样，不像个男人。一天到晚畏畏缩缩。我比他更像个男人。

咨询师：你们夫妻角色错位，这也许就是给孩子不好影响的原因之一。您儿子现在去学校上课不等于你们就万事大吉了。家长的改变非常重要，刚才说的那几条您愿意尝试着先做吗？

母亲：好的，老师。

咨询师：给您布置一个作业，下次咨询我们要讨论。您回去把您和您先生吵架的原因写下来，写得越详细越好。最好能分类排列。比如，性格原因1、2、3……工作原因，教育理念原因，三观原因，生理心理原因等。

母亲：好的。谢谢王老师！

咨询师小结

1. 本案例运用了叙事、焦点短程疗法，在过程当中避免了过多的提问，通过这两个技术帮助孩子快速地思考和找出解决方案。

2. 对于父母的婚姻问题，可以转介给专业伴侣咨询师。

3. 从系统观的视角让父母意识到夫妻关系的冲突对孩子行为乃至性格的影响。大部分成年人不会意识到，孩子会天然认为自己在家庭中具有天然的担当。

4. 表面上是因为孩子不想上学来咨询，本质还是夫妻关系有矛盾造成的情绪情感问题，引发了孩子、老公、自己的一系列问题。

5. 咨询中使用的技术包括：伴侣咨询介绍；婚姻家庭治疗与咨询；叙事、焦点短程；行为疗法等。

> 焦点解决短期治疗（Solution-Focused Brief Therapy）：后现代主义治疗领域中的一种治疗模式。这种心理治疗模式基于短程心理治疗和后现代主义哲学观，将来访者视作健康而充满能力的人，来访者有能力为自己的问题找出解决方式，从而提高生活质量。引导来访者看到自己的能力和优势，帮助来访者认识到同一事件的不同层面。

咨客反馈

母亲：感谢王老师解决了我的问题。我原来在家里很强势，什么都是我说了算，对老公的不满也是口无遮拦地说出来。通过咨询我知道，是我们夫妻的矛盾及不好的表现方式影响了孩子，我对老公的不尊重也加重了我们的矛盾。通过和老师的交流咨询，我努力去改变，效果很好，儿子正常去上学啦，我与老公的关系也改善了很多。

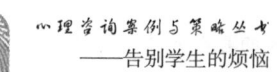

案例十一　暴脾气的妈妈
——初中男生学习成绩下降被母亲逼迫来咨询

> 英国心理学女博士希尔维亚·克莱尔说:"世上的所有的爱都是以聚合为最终目的,只有一种爱是以分离为目的,那就是父母对子女的爱。所以父母真正成功的爱,就是越早让孩子作为一个独立的个体从您的生命中分离出去,您的教育就越成功。"

第一咨询

母亲和上初中二年级的儿子一起来咨询。咨询师进入到咨询室,母亲和儿子一起站起来,母亲对儿子说:叫老师好!

儿子没表情,声音很小地说:老师好。

坐下后母亲开口说:儿子在小学阶段学习都很好,而且特别听话,上了初中后,这一次期中考成绩急剧下滑,才排在全班第三十多名,我觉得特别失望。我和他爸离婚了很多年了,他爹就是一个很不负责任的男人,我对他的要求就是不要像他爹那样不负责任,要对自己负责,学习成绩一定要好。我现在对他没有办法,不管我说什么,他只是表面应付,学习特别不认真,我很失望。他有一个妹妹,妹妹就不像他。

咨询师:嗯,是亲妹妹吗?

母亲:是同母异父的妹妹。

咨询师:你们是重组家庭了?

母亲:对。老师,我现在是一个人带着两个孩子,我又离婚了。

儿子小刘看着妈妈,脸色发青,一句话也不说。

咨询师:在今天之前,你们对心理咨询有了解吗?

母亲:没有,我们听说王老师是心理咨询的专家,特地来找王老师咨询的。

咨询师：那么我就先给你们二位介绍一下心理咨询的原则。首先心理咨询最重要的一个原则是保密原则，在咨询过程中，我们有可能会请母亲和孩子一起咨询，有时候会分别单独和其中一位交流，我们对交流的内容要尽到保密的义务；第二个原则叫作有诉求的原则（不求不助），今天你们主动来咨询，说明你们有求助意识，这很好。小刘同学能够来，我觉得这是很好的开始，你们学校里有心理辅导员吗？

小刘：好像是有的，但是没有接触过。

咨询师：第三个原则是不能有双重关系，也就是在我们咨询的过程中，只能维持一种单纯的咨询关系；第四个原则是转介和中止的原则，在咨询过程中，你们如果觉得有不合适的部分，可以提出中止咨询，也可以提出转介给其他更合适的咨询师进行咨询，或者我也会提出更合适的咨询师做转介建议；第五个原则就是收费的原则。对于这五大原则，你们有任何想法或疑问都可以提出来。

母亲：嗯，听懂了。

咨询师：小刘同学，刚才的介绍你都清楚了吗？

小刘：清楚了。

咨询师：你现在愿意说点什么吗？

小刘继续保持沉默。

咨询师也没有说话。在等待小刘同学先开口，在沉默中过了两三分钟，这个时间仿佛很长，空气都好像凝固了。

突然妈妈说：你说话啊！在小学的时候是那么乖的孩子，为什么现在学习也不好，连作业都完成不了？一天天和我暗中较劲。

我把目光集中在儿子身上，儿子看着母亲，始终没有说话。看着小刘，我似乎产生了一种幻觉，这是一个炎热夏天的下午，儿子戴着一顶厚厚的棉帽，整个脸型和气息仿佛是一个女生的样子，而不像男生。突然有点困惑，母亲介绍的是儿子呀，可是越观察越觉得像女生，秀气、柔弱，全身都透着女孩的气息，我突然有一种想询问是男生还是女生的冲动，又一想，刚才母亲介绍的分明是儿子，现在再去证实很不合适。

咨询师：我们先请母亲到接待室休息，我和小刘单独交流一下。

母亲离开咨询室以后，咨询师问小刘：现在你可以跟老师说说你的情况吗？

小刘看着王老师，欲言又止。咨询师耐心地等待他开口。

大约等了三分钟，咨询师说：如果你什么都不愿意说，那么老师想先和你妈妈交流一下，你看这样行吗？

小刘突然流着眼泪说：你不要只听我妈说的，我从小到大，都是听她的安排。她只知道要求我学习好。

咨询师：那你的意思是说妈妈不够关心你？

小刘：她关心的只有考试成绩。

咨询师：其他方面你们有交流吗？

小刘：上一次考试我没考好，我就被骂得狗血淋头，还交流什么。

咨询师：那你和妈妈无法交流的话，和你爸爸有交流吗？

小刘：没有。他们离婚了，我妈不喜欢他，我也不喜欢他。

咨询师：你能不能解释一下，你说的"没有"，是没有机会呢还是有其他原因？

小刘：我不愿意和他交流，我妈那么讨厌他，我也讨厌他，凭什么要和他交流。

咨询师：那么你和妹妹的关系怎么样？

小刘：很好，我经常陪妹妹玩，虽然我们的岁数差得很多。

咨询师：你妈妈说你的学习成绩下滑，你自己也觉得没考好，你认为是什么原因呢？

小刘：我也不知道，反正这次没有考好。她对我的要求太高了，无论我怎么做，她都不会满意的。

咨询师：学习的事情我们先放一放，你和同学的关系怎么样？

小刘：不怎么样，我很讨厌现在这个学校，讨厌同学，他们总是议论别人，我现在是班长，说什么他们都不听。

咨询师：你在同学当中有好朋友吗？

小刘：没有。我不喜欢他们，凭什么要和他们交朋友！

咨询师：那你在小学有好朋友吗？

小刘：有的。

咨询师：有几个？

小刘：一两个吧。我们今天来这里之前，我和妈妈就是去一个小学同学家参加他的生日聚会，然后才赶过来。

咨询师：那咨询结束后还要去找同学吗？

小刘：不去了，咨询完就回家，这个同学就是我小学最好的朋友。

咨询师：你现在虽然是班长，却一个朋友都没有，你觉得是什么原因呢？能不能在这个学期交一两个好朋友？

小刘：不能，我不喜欢。

咨询师：你总说不喜欢现在的中学同学，主要是不喜欢什么呢？

小刘：他们喜欢胡说八道。反正我不喜欢我现在的同学。

咨询师：老师给你提一个小小的要求，你回去做一个周一到周五的作息时间规划，每天可以不一样，然后根据你的规划，我们下一次来制定你的咨询目标，另外需要考虑一下你需要解决的问题是什么？现在我要与母亲单独交流一会儿，你先到接待室等一会儿，哦，我们这里有个沙盘室，要不要请我们的美女老师带你去玩一下沙盘？

小刘：不要，我在休息室等着就可以了。

小刘出去后，我请母亲进到咨询室。

咨询师：刚才和小刘交流了一下，了解了基本的情况。在我们的咨询经历当中，学生从小学进入到初中，出现学习成绩下降的情况比较多，主要是因为对教学方式的改变不适应造成的，所以您儿子一次考试没考好是正常现象。我倒是觉得他与同学的人际沟通好像是有一些问题，他说在中学没有一个好朋友。

母亲：是的，老师，他没有什么朋友，就是看到这个问题，才和他的班主任老师交流，班主任很给力，把他选作班长，希望他能够和同学多一些交流沟通。

咨询师：据小刘同学说，他在小学还有几个好朋友，是这样吗？

母亲：老师，他这是乱说，根本没有，从小他的性格就很孤僻，喜欢独处，而且特别自私，根本不会为我考虑，这一点太像他爹了。自私到极点，只顾自己的感受，他哪有什么好朋友啊。刚才去参加他同学的生日会，都是我们两家大人特意安排的。

咨询师：王老师想请您谈一下您自己的情况和孩子爸爸的情况。

母亲突然声嘶力竭地哭了起来，说：我们这个家三姊妹全靠我一个人撑着，我的父母有任何事情都找我。

母亲越哭越伤心，有一种撕心裂肺的痛苦感觉：他爹是那种极度自私的男人，我们曾经发展得非常好，就因为他爹赌博，损失了几千万，我不得不离婚。虽然我离婚了，我给孩子的条件可以说是非常好的，这一点我们家保姆可以证实，他需要什么我就给他什么，但他从来就不会考虑我的感受，您说嘛，王老师，像我和他爹这种经历，如果儿子学习不好，他以后怎么在社会上立足。我现在通过自己的努力把欠下的债都还清了，现在和别人合作发展得又很好了，他爹前几天又要来和我借40万元，我发展得再好，也不能给这种人继续来花我一个女人的钱吧！他的性格太像他爹了，只会让我难受，我给他那么好的条件，他从前五名掉到三十几名，他怎么对得起我嘛。我现在最痛苦的是他经常连作业都做不完。

在母亲哭诉的时候，咨询室的门有轻微的响动，原来是小刘在门外偷听妈妈和咨询师的交流。

咨询师：小刘同学母亲，您也不要太着急，由于小学到中学课程的增多、教学环境的改变，有部分同学会暂时产生不适应的现象，大部分同学通过调整是可以逐步适应的，刚才我在和小刘同学的交流中，布置了一个作业给他，让他回去做一个一周的时间规划，每天可以不同，同时也让他要在学校交一两个好朋友，他表示做不到。其实，做得到做不到不重要，关键是提醒他要从这两方面去思考。下次和小刘同学咨询时候，要解决的是他自己觉得要解决的问题，也就是咨询目标的设定。

第二次咨询

在约定的咨询时间，咨询师在咨询室等候，小刘和他母亲没有准时到达咨询室。小刘的母亲发来信息说，工作单位临时有事，她不能送儿子来咨询，但已经为儿子打了专车，让他自己来咨询。过了一刻钟，小刘同学独自来到了咨询室，他和上次一样，戴着一顶很厚的帽子，还戴着口罩，也不愿意把口罩摘下来，一只鞋的鞋带散了。

咨询师请他坐下，问：你怎么来的？

小刘：妈妈打车让我自己来的。

咨询师：上次我布置了两个作业，你做了吗？

小刘：没用的，老师，我没做。

咨询师：那么我们的咨询要解决什么问题呢？

小刘：没有什么好解决的，下次考试考不好，我就不活了。我妈不会放过我的。

咨询师：既然这么说，你对这次考试做准备了吗？

小刘：我被我妈管得喘不过气，准备什么？反正她的要求就是要像她一样，要名列前茅，要合她的意，如果考不好我就活不成了。

咨询师：你上次说，在家里你不愿意和父母交流，那你和谁的关系好呢？

小刘：我特别喜欢外婆，外婆也喜欢我。

咨询师：那你遇到困惑的时候会不会先和外婆交流呢？比如说你没有考好，你有什么想法，能不能告知外婆呢？

小刘：不行。她年纪大了，而且她也怕我妈。

咨询师：除了外婆，还有谁你可以交流呢？

小刘犹豫着没有回答，咨询师在等待的时候，又产生了像上一次的困惑，感觉小刘是一个小女生，没有男孩的感觉，正逢盛夏还戴着厚厚的帽子。

咨询师：你能不能把帽子取了，这样会凉快一点。

小刘摇摇头，表示不愿意。咨询师又指着他的鞋说：你的鞋带散了，先把它系好。他弯腰很生硬地勉强将鞋带打了个结，但是一看就是很快就会松开的系法。

咨询师：你上初中了，连个鞋带都不会系。

小刘突然感觉似乎受到了某种嘲笑，很着急地哭了。

咨询师：你这样系的话，走两步又要散掉的。老师教你系好不好？

我解开了自己的一只鞋带，让他也解开自己的鞋带，一边示范一边引导着他把鞋带重新系好。

系好鞋带以后，小刘和我的距离似乎一下子拉近了很多，他说：我和小姨的关系不错，有什么事我愿意和小姨说。

咨询师：无论是你的考试情况，还是你有奇奇怪怪的想法的时候，要和小姨交流好不好？

小刘：可以的。

咨询师：同时也告诉妈妈好吗？

小刘：不可能的。

咨询师：现在我们交流一下，你说你很讨厌你们班的同学，他们老是瞎议论别人，能不能具体一点呢？

小刘：他们总是在背后议论我，说我不像一个男生，所以我很讨厌他们。

咨询师：你平时在学校也是这种装束吗？

小刘：老师，我不想说这个话题了。

咨询师：现在离考试还有多少时间？

小刘：还有两个多月。

咨询师：好，这两个月你可以认真学习，准备考试。假如无论考试的结果如何，妈妈都不会批评你，你还会有不活的想法吗？

小刘：不可能的！

咨询师：可能不可能我们暂时不讨论，我们先把考试考不好妈妈也不批评你作为咨询的目标可以吗？

小刘：可以的。

咨询师：我们今天的咨询就到这里。

第三次咨询

与小刘的咨询结束后，咨询师主动联系小刘的母亲，要求她第二天来进行交流沟通。

第二天母亲如约而至，咨询师向母亲介绍了昨天和儿子交流的情况。告知母亲儿子表达了如果考试考不好就不想活了的打算，这需要引起家长的特别重视。另外咨询师已和小刘达成了约定，如果有难受的情况，他要和小姨交流。建议家长尽快带小刘做一次身体检查，特别是性激素的相关检查；要求母亲回去学习"非爱行为"，同时列出她在婚姻家庭中的非爱行为，这个作业可以不交，但是一定要做。

母亲第二天电话告知咨询师，已经为小刘预约了医生做性激素的检查，也和他父亲约好了，由他带着去检查。然后说：王老师，"非爱行为"我认真地学习了，反观自己，我觉得过去我做错了太多太多，认识您真好。我觉得孩子的很多问题都是我们家长造成的。

第四次咨询

一周以后，母亲单独来到咨询室，把身体检查的结果和医生的意见告知咨询师，小刘的雄性激素水平稍微偏低，属于正常范围，医生已开了药剂。

母亲：谢谢您的提醒，下一步我还能做点什么？

咨询师：从小刘的情况来看，他的学习成绩下滑的主要原因是他的关注几乎都在您这个做母亲的身上，由于您的要求过高，儿子担心做不到，觉得不管自己怎么努力，都不可能达到您要求的状态，儿子曾说我妈妈读书的时候永远是第一、二名，他觉得不管怎么努力都难以达到。

母亲：老师，通过与您的交流沟通，我愿意放弃很多过去对孩子的无理要求，特别是在您的指点下学习了"非爱行为"，我对他的要求和对他爸的要求太多，都属于"非爱行为"的范畴，我终于意识到我的婚姻出现问题，跟我的各种要求和行为有关。

咨询师：您能有这种认识非常好，您的进步是神速的，我们现在主要是要针对您对小刘的要求做点调整，尝试着做一些有益的改变。站在心理咨询师的角度，不会一味地强调学习成绩本身，我们要做到的是提高他的专注力和发现他的兴趣爱好，并适时加以引导。做到这两条，他的学习成绩自然会好起来。您儿子现在所有的注意力都集中在您身上，请您回去以后和儿子一起做一个共同的作息规划，本来是需要他做的，但他没有做，这个规划需要您和儿子共同完成。首先要降低您对儿子的要求，让他来做自己时间的管理者和支配者。规划当中除了学习，更多的是要包括他愿意做的其他事情，比如说绘画、陪外婆、和妹妹一起玩，都要体现在这个规划当中。规划越简单越好，之后再根据实际情况做实时的补充和调整。您要把母亲的特质在和他的交流中体现出来，要减少强势的交流方式和要求。对小刘的总体要求是，无论做什么事，哪怕是玩，都要专注，不要像过去一样，无论做什么事都想着妈妈会怎么想。

两个月后，小刘的考试成绩有了提高，排在全班第 16 名。母亲不再只纠结学习的成绩，孩子也快乐了许多。

母亲给咨询师打电话，说：非常感谢您，王老师，专业的力量是强大的。

咨询师小结

1. 由于母亲从小很优秀，于是对孩子的要求就非常高，两次婚姻失败都是某些角色错位造成的。

2. 通过咨询，特别是对"非爱行为"的学习和认识，母亲恍然大悟，对孩子的教育做了很大的调整，也改善了家庭内部的人际关系和沟通方式。

3. 通过和孩子共同制定的自我管理规划，培养了孩子的专注力和兴趣爱好，让孩子树立了乐观向上的心态，学习了正向行为的复制，学习成绩也得到了提高。

4. 非爱行为：人际交往中有一种"非爱行为"，就是以爱的名义对自己最亲近的人进行一种强制性的控制，让别人按照自己的意愿去做。这其实是一种非爱性的掠夺，往往发生在夫妻之间，恋人之间，母子（女）之间，父子（女）之间，也就是世界上最亲近的人之间。

在生活中，一是带附加条件的爱。很多时候，也许家长并没有意识到，对孩子过高、过多的要求就是一种"非爱行为"；二是没有原则的爱。最常见的是家长无限制地满足孩子物质上的需求；三是强制或限制的爱。家长往往打着爱的旗号，要么替代包办孩子的生活，要么强求孩子达到自己的标准。

咨客反馈

母亲：王老师让我知道了"非爱行为"。以前不懂，总觉得我对儿子和老公的各种要求，是对他们好，我是真心地以为那就是爱他们。现在才知道，这些都是非爱行为，其实都是在满足我自己，我应该学会尊重他们。

案例十二 良师益友
——一名高考成绩被屏蔽的女生的成长经历

> 自律和同律是相互联系的，而不是彼此对立的；当人更健康、更真诚地成长时，高自律与高同律会在一起成长，一起出现，并最终趋向融合构成一个更高的把两者都包括在内的统一体。在这种条件下，自律与同律、自私与无私、自我与非我、纯粹心灵和外部现实等等的二元分离都会趋向消失。
>
> ——马斯洛

案例背景

父母双方因为对孩子的教育理念有很大冲突，前来咨询。父亲是某国企的总工程师，母亲是公务员。从女儿上幼儿园开始，夫妻俩对孩子的教育就产生了很大分歧，具体表现是，社会上的各种兴趣班，特别是英语、诗歌朗诵、乐器类的兴趣班，母亲都想给孩子报名参加，而父亲坚决反对，觉得自己学历不高但是依旧可以做工程师，反对孩子过早地被压力围绕，但母亲还是坚持给女儿报名参加，于是女儿从很小就奔走在各类补习班、兴趣班之间。由于各种压力的叠加，孩子刚上小学时眼睛就近视了。当发现孩子近视的时候，夫妻间就发生了强烈的冲突，父亲责怪母亲，认为都是她过度教育导致的。因为此类冲突的持续，所以夫妻一起来寻求咨询的帮助。

第一次咨询

咨询师通过与夫妻俩的共同交谈了解到，母亲的焦虑更多，主要来源于与身边其他人的比较，对孩子未来的担忧，声称不能让孩子输在起跑线上。

母亲：老师，女儿上小学后，她爸爸不督促她完成作业，反而鼓励她下楼去玩，我只要反对，他就责怪我，说孩子的眼睛近视都是我造成的，您给评评理，这真的是我的错吗？

咨询师：女儿每天的作业能完成吗？

母亲：完不成，老师。

咨询师：你们作为家长在孩子教育上的分工是什么样的？

母亲：因为我工作忙，大多数时候只是陪孩子完成作业，日常管理的事都是她爸在做。

咨询师：在我看来，对于这个年龄的孩子，最重要的是家长对她的养育理念要一致，不要让孩子感受到你们之间的分歧。否则，孩子不知道该怎么做或该听谁的。只要不影响到孩子，你们之间的分歧就是正常的，没有非黑即白。

注：孩子不是没有学到东西，而是对所学的东西不感兴趣，没有学习的动力。这样的兴趣班反而容易伤害到孩子的自尊心和自信心，容易引起负性泛化。

父亲：是因为女儿在幼儿园中班的时候，被她妈妈逼着报了个乐器班，汇报表演的时候要求父母必须参加，我们俩都去了。结果表演还没结束，我当场就坚决不让女儿再上了。原因是她是整个班里最小的一个，瑟瑟发抖并且脸上没有一点笑容，其他大一点的孩子表现能力强，乐器水平也挺高，我担心女儿不但没学到东西，还有可能丧失了自尊心和自信心。

咨询师：看来父亲的教育理念很有特色，与大多数家长不一样。现代社会给家长的焦虑是显而易见的，但是我们需要注意，不要把我们成年人自己接收到的压力直接转嫁给孩子。

母亲：老师，您不知道我们做家长有多为难，我也不想这么逼她，但是现在不做这些，以后就被别人赶超了，最后考不上一个中意的大学是她吃亏呀！

咨询师：有位著名的历史学家说过"谁家的父母不希望自己的孩子成龙成凤，到了上学后标准降低，希望他们成才，到了青春期，标准就更低了，希望他们不要惹事……"由此可见，刚开始父母的期待都很高，但是现实中有落差是很正常的一件事。在孩子对学习建立认知的初期，保护好她的学习动力，维护她的自尊、自信是很重要的任务，爸爸的做法是在保护孩子的自信心。有智慧的父母能够发现孩子的兴趣爱好，并适当地给予引导和发挥，那么孩子将来的发展一定会比较顺利。

父母有了新的感悟，通过本次咨询，父母对孩子之后的教育理念初步达成一致。特别是在对孩子的日常交流表达上父母不能给出矛盾的信息，要尽量保持一致。

第五次咨询

后来又经过三次电话咨询。在孩子四年级的时候，父母二人又要求面询，母亲抱怨孩子的父亲经常帮孩子做作业，孩子的数学成绩很差。

母亲：他让女儿吃完饭就下楼玩，说做不完的作业有老爸帮做，他还真的会帮着做，女儿的老师发现笔迹不同，知道是有人代替完成的，搞得我们经常被老师批评。开家长会时，他还和老师辩论，说学校布置的作业过多是不合理的，所以他帮女儿完成是可行的。

咨询师：孩子知道家长会上发生的事吗？

母亲：知道的呀，老师您让他自己说说，他是怎么管娃的。他要求孩子语文要学好，忽视数学成绩。

父亲：我就跟她说，没必要花几年时间去学四则混合运算，等到六年级大脑发育更好了，一个月就可以搞定，何必要现在那么折腾。

母亲：老师，您看，他就是这么偏激的理念。

咨询师：因为时代背景的原因，两代人接受教育的理念不一样，现在这个时代不仅是给孩子压力超大，给家长的压力更大了，所以妈妈这种担心也是可以理解的。你们需要与孩子做一个规划和约定，作业还是尽量由孩子独自来完成，这是培养一个人承担责任的能力的重要阶段，恰当的挫折很重要。

父亲：好，我明白了。家长座谈会我自己去吧。

母亲：我也怕去了，每次都是挨批评最多的家长。

咨询师：我们都能感受到妈妈的焦虑，下一次咨询主要来聊聊您的担忧，您看可好？

母亲：好的。

第六次咨询

咨询师：看得出来您对孩子的教育和未来发展非常关心。

母亲：是的。我身边的很多同事也都是这样的。

咨询师：现在有一个很流行的词叫"内卷"或者"鸡娃"，好像很多家长都很焦虑。如果焦虑是一团东西，您能区分得清楚，哪些是来自于周围人的，哪些是来自于自己的吗？

母亲：好像60%是来自于我自己的。我上的是大专，学历没有她爸的高，所以我在家里不敢有太多的话语权，只能默默地去督促孩子，可能给她太多压力了吧。

咨询师：您的担心是源于您作为一个成年人对社会的认知，对于一个孩子您认为她可以承担和接受吗？

母亲：哦，老师，我有点感觉了，我似乎把自己对社会的，还有对自己的焦虑都统统倒给女儿了。我对兴趣班也有抗拒，但是看到周围的人都在送娃去学，我也会着急。

咨询师：是的。首先，如果您的快乐和痛苦都来源于比较，那么您对您的情绪是没有主动权的，这种比较也就不会有尽头，您就会永远处在焦虑当中；其次，成年人是自己感受的第一责任人，要对自己的情绪负责，不能也无法移交给别人，尤其是孩子。

父亲对母亲说：您是一家之主，家里的大事都是您说了算，我和女儿都是看您脸色的，特别是我，所以以后有什么压力就我俩商量着办吧，其实女儿还是很优秀的啦，您也别过多的担心，自己的压力别都塞给女儿啦。

咨询师：在我看来你们家里的互动还是比较多，并且是比较好的，每个人的感受都有机会表达且被照顾到。夫妻关系是一个家庭的定海神针，你们俩和谐了，孩子才有一个好的模板，教育不仅仅是学习本身，孩子从母亲那里学到安全归属感等女性特质，从父亲那里习得信念和担当等男性特质，所以你们的言传身教和互动模式很重要，要让孩子具有自由的灵魂和健全的人格以及开放包容的心态。

父亲后来单独找我进行过两次咨询，他们夫妻俩在对孩子的教育理念上，分歧越来越少，夫妻关系也变得更紧密了。父亲也充分地阐述了他个人对教育的理解，每次家长会回来都不会对女儿进行任何的批评和抱怨，总体以信任和鼓励为主。女儿学习的自觉性越来越高，女儿自述"您是被老师找去谈话最多的爸爸，以后我一定要争气，让您不要再被老师请喝茶"。

注：咨询师观察到，女儿的自尊和自主性被建立和保护得很好，同时经历了恰到好处的挫折，自我功能建立得较为完善，与父母建立了良性的互动，激发了孩子保护父亲的欲望。

女儿五年级开始成绩逐渐变好，初中顺利考取了省重点学校。

中考成绩公布以后，父亲担心孩子成绩在自费生的边缘，按规定和孩子一起去领自费表。女儿填表的时候，同一学校的好几个男生跑过来对她说"你怎么会来领自费表？我们已经被录取了，稳了"，女儿说"我没有你们那么厉害呗"。

等男生走了父亲问是谁，女儿说是班上的学霸，成绩特别好。

父亲说"记住老爸今天说的话，三年以后你是学霸，一定会超过他们的"。

第九次咨询

女儿以优异的成绩考入省重点高中，全家在高兴之余，又产生了新的矛盾，那就是女儿是否该住校。父亲认为应该住校，可以培养女儿的独立性；而母亲却舍不得，希望女儿住家里，这样可以很好地照顾她。相持不下，于是打电话给我做电话咨询。

咨询师：父亲的教育理念很有特点，而母亲的担忧也是可以理解的。在我看来，是否住校不是重点，而是要培养孩子独立的生活能力、学习及时间的管理能力，以及面对困难时独立解决问题的能力。虽然住在家里，也能培养她在这方面的能力。但是，人在心理上总有一些惯性与惰性，特别是女儿这个年龄段，容易产生依赖情感，而住校则可让女儿远离父母，逐渐减少依赖感，必须独自处理学习与生活中可能出现的问题，也许会有挫折，但这是成长的一部分，对培养她的独立性更好些。因此，住校相对要好一些。

听了我的建议后，全家商量决定，让女儿住校。女儿很快适应了独立生活，自我管理及人际关系处理得也非常好，并且参加了学生会。女儿很开心。

父亲后来总结说，高中三年让孩子住校有很多好处，锻炼了独立生活能力、社会交往能力以及自我管理能力，还有一个是我们家庭内部的各种矛盾，特别是我和她妈妈的各种冲突都有意无意地被回避掉了。每个周末孩子回到家里，一家人都很珍惜在一起的时光。来不及生气又要送孩子去学校了。我们作为家长基本没有跟孩子发生过大的矛盾和不愉快。

第十次咨询

高中分科后，女儿选了文科，整个文综的成绩一直保持着年级前几名，数学成绩拖了后腿，高二与高三上半年补习了数学，高考前半年，父亲同意孩子彻底放弃了所有补习，一起制定了一个冲刺规划。由于成绩很好，可以保送清华大学，但女儿提出更喜欢北大。于是又打电话向我咨询。

我首先祝贺了他们女儿，然后告诉家长，兴趣和爱好是最大的动力，建议家长应该充分考虑并尊重女儿自己的意愿。

全家就此召开了家庭会议，最后大家达成一致，支持女儿自己的意愿。

高考后，父母在线上查询，看到提示"你的位次已经进入全省前50名"，全家都很满意。

咨询师小结

1. 本案例中的父母学会了取舍，展现出了充分的信任和尊重，保护了孩子的自主性和自信心，而父母耐受住了与"大多数"比较带来的焦虑情绪。
2. 根据发展心理学提到的孩子不同阶段心理发展的重点，这个家庭中的父母基本上能遵循不同阶段的需求来进行培养，使得孩子得到了文化、性格等全方位的发展。
3. 在咨询中，咨询师聚焦于夫妻关系的经营，帮助他们找准家庭角色的定位，促进信任和支持，使得家庭系统更加稳定和谐。
4. 咨询师应用自体心理学的原理，引导父母增加对孩子的"镜映""共情""恰到好处的挫折"等正向互动模式。

咨客反馈

父母：非常感谢老师的帮助。在我们女儿上学的过程中，我们碰到许多不同的问题，无数次向老师求助，他都以专业的理论和准确的心理分析解开了我们的疑惑，让我们懂得父母是孩子的模板，夫妻和谐、教育理念一致是给孩子最好的教育，并且要尊重孩子的意愿，要尊重孩子成长的必要过程。

很高兴在女儿的成长过程中，我们一直寻求老师的帮助，这是女儿取得优异高考成绩的重要原因之一。

第八章　尾声

阿德勒在《自卑与超越》中指出："个体心理学发现，生活中的每一个问题几乎都可以归纳于职业、社会和性这三个主要问题之下。每个人对这三个问题做反应时，都明白地表现出他对生活意义的最深层的感受……人类的重要性是依他们对别人生活所做的贡献而定的。"

在孩子的成长和养育过程中一旦形成某种问题，都会从上述三个方面表现出来。即使是学习学业问题也自然会从这三个大的问题中显现出来。造成问题的原因多种多样，但家庭对孩子的影响是非常大的。因为，家庭是孩子的第一个社会，妈妈爸爸是孩子接触的最亲最多的社会人，家庭因素的影响也是最直接、最现实的。

正如阿德勒在他的人格哲学中所表明的："在四岁或五岁的时候，原型已经建立好了，因此我们必须寻找小孩在此时期前后所形成的印象。这些印象可以非常不同，远比我们从一个正常成人的观点所想象的还要不同。对一个小孩子的心灵最普通的影响，乃是由于父亲或母亲的过度惩罚或滥教所导致的压抑感觉。这个影响使得小孩子力求解放，有时候还显示为心理排斥的态度。"

需要强调的是，本书中的案例表面上看似学习学业问题，但当它成为问题的时候，可能表现为其他各式各样的问题。如缺乏专注力、自卑、人际关系障碍、焦虑、抑郁、恐惧、退缩、缺乏社会适应能力等等问题。这些问题又反过来影响到学业学习的发展。

多年的心理工作经历，见到太多问题的各种表现形式，很多问题直到中青年时期才凸显出来，有的可能到老年才暴露出来。在孩子的教育成长中我们是否要摒弃那种只注重学习成绩而忽视全面发展的教育模式，这值得家长、老师、心理工作者以及全社会认真对待。在现实的教育中，许多家长有意无意地希望把自己的孩子培养成"听话的工具""学习的机器""会考试的机器人"，但无论个人、家庭还是社会，都需要的是一个具有开放的灵魂、自由的思想、健全的人格、社会适应良好的人。我们该怎么做呢？

你既是孩子的父亲或母亲，又是孩子的模板，你的各种社会角色定位准确且功能完善，那么你就是孩子的正向榜样。你在陪伴孩子成长的过程中能够发现孩子的优势或兴趣爱好并适当地加以引导，那么你就是孩子的良师益友。用你们开放包容的心态，用你们的爱陪伴你的孩子共同成长是家长的职责，也是父母重新认识自我的过程。家庭是每一个家庭成员的爱的港湾、疗伤地、避风港、充电站。家庭内部只有运动员，没有裁判员，快乐共享，忧伤共担。你们的孩子会在你们温暖的家庭中，从你们身上，从你们的互动关系中潜移默化地、自然地习得你们良好的互动模式，习得爱、勇气、担当、柔情、尊重、自尊和克服挫败感的能力。

这里要强调的是，在家庭关系或学校教育关系中应该尽量避免让孩子产生自卑感或优越感，以保护孩子的自性化。不过问题经常发生，最常见的就是因学习成绩给孩子带来的伤害，以及由于"比较心态"中出现的自卑感或优越感。在孩子的发展过程中保护好孩子的自信心尤为重要，在本书的案例中你会看到无论什么原因，只要孩子的自信心受伤，那么他对别人发生兴趣以及互动合作的动力和愿望就会下降，甚至完全失去主动合作的动力。有的发展成为抑郁、焦虑、恐惧等神经症状态。现实中，有的孩子表现为不愿与别人合作，特别是青春期的孩子，他们缺乏对别人的信任。有的孩子则是失去了与别人合作的动力或能力。因此，很多情况下与其强迫孩子做一件他不擅长的事情或他不感兴趣的事情而伤了他的自信心，不如学会放弃。放弃成年人的自以为是的坚持，尊重孩子的特点或个性。

自性化：荣格使用"自性化"这一概念，所要表达的是这样一种过程：一个人最终成为他自己，成为一种整合或完整的，但又不同于他人的发展过程。于是，自性化意味着人格的完善与发展，意味着接受和包含与集体的关系，意味着实现自己的独特性。

阿德勒在《自卑与超越》中说过，要了解个人赋予自己和生活的意义，最大的帮助是来自记忆。每种记忆都代表了某些值得他回忆的事，不管他能想起的是多么少的一点点。当他回忆时，它告诉他，"这是你应该期待之物或这是你应该躲避之物，或这就是生活！"记忆的重要性，在于它们被当作"何物、对它们的解释，以及它们对现在和未来生活的影响"。解释"在个人的世界观里是很基本的，决定他的思想、感觉、意志和行动"。

所以，那些负面的、粗暴的、逼迫式的教育方式都应该被摒弃。凡是可能给孩子带来伤害、带来痛苦和不良记忆的方式都要尽量避免。这种早期记忆可能影响孩子的一生。在我的咨询中也有棍棒下孩子学习成绩一流的情况，考上了一流的大学，但在其人生的其他阶段问题逐渐暴露出来，出现了人际关系障碍、记恨父母、焦虑恐惧等情况。

我们提倡正向鼓励、智慧教育。你既是孩子的父亲或母亲，又是孩子的良师益友。在教育陪伴孩子成长的过程中，能够发现孩子的特长或兴趣爱好，适当地加以引导，培养孩子良好的作息习惯、时间管理习惯和自我管理能力，那么你的孩子学习的效率和学习成绩都会大大地提高和改善。

无论你是家长、老师或心理咨询师，你的教育内涵或工作目标应该包含以下内容。让你的孩子：

养成并保持学习的能力；

养成独立思考的能力；

养成自主选择的能力。

培养审美的能力；

培养与人合作的能力；

培养战胜困难的能力；

培养克服挫败感的能力；

培养创新的能力；

做一个具有使命感的人。

在孩子的一生中上述任何一项都是他（她）人生的财富，都可以帮助他们应对生命中生活中所要面对、不得不面对的问题和困难，提升他们战胜困难的勇气；是他（她）战胜困难、接纳自我、实现自我、超越自我的利器和源泉。当然也包括现实中大家所追求的学生学业成绩的提升，这些能力和品质将伴随孩子的一生，在婚姻家庭、工作职业和社会交往中体现出孩子独特的应对生活问题的特色和优势。真诚地希望看到本书的读者朋友有所收获和启发。

此时已是午夜时分。举头望月，净朗夜空，悠远神秘。

不远处传来一个女人声嘶力竭的叫声：现在几点了？你还在磨蹭，这点作业你做了几遍了还做不对！你不睡觉么我要睡觉的嘛，明天我还要上班，怎么说？

隐约听到一个小女孩的哭泣声。

你怎么那么笨……不准哭，现在几点了你要哭给谁听……

心理学和心理咨询服务应用越来越受到社会的重视。《心理咨询案例与策略丛书——告别学生的烦恼》经过多方努力终于可以跟读者见面了。

长期从事心理咨询、技术督导和咨询师培训的教学工作,我见过各式各样的学生、学生家长、老师的各种烦恼、困惑与无奈,也看到咨询师们有帮助他人的愿望,却又缺乏专业方面的实操技能以及有针对性的相关资讯和体验而无所适从。在现实的工作生活中,我个人一直秉持一种信念:不失初心守护美好,点亮一盏盏心灯,温暖他人温暖自己。每每帮助到一个人,都能使我得到莫大的欣慰。但是,一个个的咨询、一场场团辅、一期期的培训教学能帮助到的人毕竟还是非常有限。因此,在各位同行和好朋友的鼓励下,把多年积累的相关案例和经验感悟编辑成册,希望能惠及更多的人们。

真诚感谢编撰出版过程中对本书给予帮助的老师、朋友、同行,感谢参与本书策划编辑的各位人士!

本书是一次新的尝试,其中一定有许多不足和缺陷有待改进完善,真诚地请各位读者朋友给予批评指正,以便在后续出版的"心理咨询案例与策略丛书"中进一步改进完善。

图书在版编目（CIP）数据

告别学生的烦恼 / 王齐著. —— 昆明：云南人民出版社，2022.8
（心理咨询案例与策略）
ISBN 978-7-222-21137-7

Ⅰ.①告… Ⅱ.①王… Ⅲ.①青少年心理学 Ⅳ.①B844.2

中国版本图书馆CIP数据核字(2022)第147538号

出 版 人：赵石定
策划编辑：苗晋诚
责任编辑：施建国　苗晋诚
装帧设计：计文婷
责任校对：宁琳
责任印制：马文杰

XINLI ZIXUN ANLI YU CELÜE CONGSHU GAOBIE XUESHENG DE FANNAO
心理咨询案例与策略丛书——告别学生的烦恼
王齐　著
执笔　吴秋兰　杨帆思晋　王楚绒　向建光

出版	云南出版集团　云南人民出版社
发行	云南人民出版社
社址	昆明市环城西路609号
邮编	650034
网址	www.ynpph.com.cn
E-mail	ynrms@sina.com
开本	787mm×1092mm　1/16
印张	11.5
字数	168千
版次	2022年8月第1版第1次印刷
印刷	昆明瑆煋印务有限公司
书号	ISBN 978-7-222-21137-7
定价	48.00元

如需购买图书、反馈意见，请与我社联系
总编室：0871-64109126　　发行部：0871-64108507
审校部：0871-64164626　　印制部：0871-64191534

版权所有　侵权必究　印装差错　负责调换

云南人民出版社微信公众号